抗浮锚杆疑问解析

方云飞　许　晶　卢萍珍　编著

孙宏伟　主审

中国建筑工业出版社

图书在版编目（CIP）数据

抗浮锚杆疑问解析 / 方云飞，许晶，卢萍珍编著. —北京：中国建筑工业出版社，2023.11
ISBN 978-7-112-29344-5

Ⅰ. ①抗…　Ⅱ. ①方…　②许…　③卢…　Ⅲ. ①锚杆－研究　Ⅳ. ①TU94

中国国家版本馆 CIP 数据核字（2023）第 218308 号

责任编辑：辛海丽
责任校对：姜小莲
校对整理：李辰馨

抗浮锚杆疑问解析
方云飞　许　晶　卢萍珍　编著
孙宏伟　主审

*

中国建筑工业出版社出版、发行（北京海淀三里河路9号）
各地新华书店、建筑书店经销
北京科地亚盟排版公司制版
北京君升印刷有限公司印刷

*

开本：850毫米×1168毫米　1/32　印张：6　字数：105千字
2023年11月第一版　2023年11月第一次印刷
定价：**28.00**元

ISBN 978-7-112-29344-5
（41919）

前　言

随着生态文明建设理念的深入，河流生态补水成效显著，各地区地下水超采问题得到有效控制，地下水得以涵养，区域性地下水位得以逐步回升。与此同时，工程抗浮问题更加凸显，抗浮工程越来越受到工程界的重视。在一般工程所需要采用的抗浮措施中，抗浮锚杆应用较为广泛。近年来，由于地质原因、水位不明、设计考虑不周、施工质量欠佳、管理不到位、验收检验操作不规范等因素导致的上浮事故屡见不鲜，所引发的问题不仅工程直接损失大，诉诸司法程序所牵涉的社会影响更大。国家建筑标准设计图集《建筑结构抗浮锚杆》22G815 正是在此背景下编制完成的。

国家建筑标准设计图集《建筑结构抗浮锚杆》22G815 于 2015 年立项编制，至 2022 年完成编制工作。在编制过程中，编制组不仅梳理了抗浮工程和锚杆相关的规范标准，汇总整理了相关技术资料，还克服了各种困难，赴多地开展技术交流、实地考察，取得第一手资料。但鉴于国标图集编制体例的严谨性，以及受到篇幅的限制，很多内容无法在图集中一一展开详细论述。在国标图集 22G815 发布施行之后，很多工程技术人员纷纷建议编制组详细说明编制依据和讨论过程，以便更好地理解和应用 22G815 图集。为此，我们将此前汇总整理过程中的所思所想以及相关技术资料做了梳理，并经进一步条分缕析，整理形成本书内容框架。为了让读者朋友更好地了解国标图集《建筑结构抗浮锚杆》22G815 的编制思路、过程以及相关资料，本书中采用的术语符号及其含义与国标图集《建筑结构抗浮锚杆》22G815 保持一致。

工程抗浮技术论坛暨国标图集《建筑结构抗浮锚杆》22G815 宣贯启动会于 2022 年 8 月 13 日成功召开，采用的是线下与线上相结合的会议形式，既有北京主会场和广州分会场，又有线上直播，得到了众多从事结构设计、地基基础设计、施工、检测、监理、工程管理、工程咨询等工程技术人员的广泛关注和热烈反响，会议现场提问踊跃。在会议交流期间，因会议时间限值，所能互动探讨交流的问题数量有限。会议结束后，编制组积极与会务组联系，并将所有提问问题进行了收集整理，深感有必要继续解答析疑。

本书内容的编排是以问题为导向，直接提出问题和解答问题，尽力做到有的放矢、言简意赅。读者可根据当下进行的工程、实际遇到的问题以及需要聚焦的关注点，有针对性地使用本书。本书内容包括：抗浮设防水位、抗浮稳定验算、抗浮锚杆选型、抗浮锚杆设计、锚固与连接设计、构造设计、试验与检验、张拉与锁定、详细的抗浮锚杆算例和实际工程案例，以及抗浮设防水位相关技术规定等，希望为工程技术人员提供有益参考。

抗浮稳定事关工程安全，但不可过度或盲目加大安全储备，这样做不仅会导致工程成本增加，还会造成施工操作难度加大、质量管理难度增加。抗浮锚杆在结构与岩土之间，其锚固段设置于岩土层之中，且与基础结构可靠连接。做好抗浮锚杆工程，需要结构工程师与岩土工程师密切合作，还需要管理者、勘察者、设计者、施工者、监理者、检验者、审查者等各方紧密配合。当前抗浮锚杆工程勘察评价、设计、施工、检验等方面尚有诸多认识上难以达成一致之处，随着今后工程应用的增多和经验的积累，对抗浮锚杆的认识也会更加深入。希望本书的编写能起到抛砖引玉的效果，进一步促进抗浮锚杆工程应用与研究，推动行业技术进步。

由于编著者精力有限、学识不足，书中不免存有考虑不周或差错之处，恳请热心读者和业内专家批评指正。

在本书编写过程中，得到了众多业内专家和工程技术人员的帮助，难以一一具名详陈，谨在此一并表示衷心感谢！

编著者

2023 年 8 月 18 日

目　录

标准简称汇总

类	序	名称	编号	缩写
国家标准	1	建筑与市政地基基础通用规范	GB 55003—2021	【地基通规】
	2	工程勘察通用规范	GB 55017—2021	【勘察通规】
	3	建筑地基基础设计规范	GB 50007—2011	【国标地规】
	4	混凝土结构设计规范	GB 50010—2010（2015 年版）	【混规】
	5	岩土锚杆与喷射混凝土支护工程技术规范	GB 50086—2015	【锚喷规】
	6	混凝土结构耐久性设计标准	GB/T 50476—2019	【混耐标】
	7	预应力混凝土用螺纹钢筋	GB/T 20065—2016	【预螺钢】
	8	岩土工程勘察规范	GB 50021—2001	【国标勘规】
	9	民用建筑设计统一标准	GB 50352—2019	【民建标】
	10	湿陷性黄土地区建筑标准	GB 50025—2018	【湿陷建标】
行业标准	1	建筑工程抗浮技术标准	JGJ 476—2019	【抗浮标】
	2	高压喷射扩大头锚杆技术规程	JGJ/T 282—2012	【扩锚规】
	3	锚杆检测与监测技术规程	JGJ/T 401—2017	【锚杆检规】
	4	抗浮锚杆技术规程	YB/T 4659—2018	【锚杆冶规】
	5	水运工程混凝土结构设计规范	JTS 151—2011	【水运混规】
	6	建筑桩基技术规范	JGJ 94—2008	【桩规】
	7	建筑地基检测技术规范	JGJ 340—2015	【地检测规】
	8	建筑基桩检测技术规范	JGJ 106—2014	【桩检测规】
	9	高层建筑混凝土结构技术规程	JGJ 3—2010	【高混规】

续表

类	序	名称	编号	缩写
行业标准	10	钢筋锚固板应用技术规程	JGJ 256—2011	【钢锚规】
	11	高层建筑筏形与箱形基础技术规范	JGJ 6—2011	【筏箱基规】
其他	1	北京地区建筑地基基础勘察设计规范	DBJ 11—501—2009（2016 年版）	【京地规】
	2	建筑结构抗浮锚杆	22G815	【G815 图集】
	3	岩土锚杆（索）技术规程	CECS 22：2005	【锚杆标协规】
	4	岩土锚固技术标准	SJG 73—2020	【深圳锚标】
	5	建筑工程抗浮设计规程	DBJ/T 15—125—2017	【广东抗浮标】

第 1 章

抗浮设防水位

1.1 抗浮设防水位由谁确定?

答：目前设计采用的抗浮设防水位由以下几种途径确定：① 岩土工程勘察报告直接给出；② 抗浮设防水位咨询报告；③ 专项论证意见；④ 第三方咨询报告结合专家论证；⑤ 第三方咨询报告纳入岩土工程勘察成果资料。各途径特点分析如下：

1）岩土工程勘察报告提供的抗浮设防水位。该方式责任主体明确，顺应当下的勘察设计体制，也是目前大多数工程采用的方式。局限性：抗浮设防水位是一项重要的技术经济指标，其复杂性可能超过勘察单位的执业能力范围。[“正确确定抗浮设防水位成了一个涉及面广、尚处于发展的工程建设中必须解决的十分关键的问题。虽与勘察有关，但不是只通过详细勘察就能完全解决的问题。地下水的抗浮设防水位是一个有如抗震设防一样的重要技术经济指标，较为复杂。”《建筑工程抗浮技术标准》主要问题释义，《建筑工程抗浮技术标准》编制组，2020.12.10］。

2）建设方另行委托具备资质的第三方咨询单位出具的抗浮设防水位咨询报告。一般情况下，第三方咨询单位具备提供抗浮设防水位的能力。局限性：第三方咨询单位不在五方责任主体单位之内，能否承担起相应的法律责任，一直是行业内争议的焦点，值得商榷。

3）建设方组织专项论证会，以专家意见的形式给出的抗浮设防水位（【抗浮标】第5.2.6条："水位预测咨询报告宜经过专家评审验收后使用"）。局限性：专家意见的法律效力更低于咨询单位，其确定的抗浮设防水位能否作为设计依据，同样存在争议。

4）第三方咨询报告结合专家论证给出的抗浮设防水位。局限性：同上述2）和3）内容。

5）第三方咨询报告纳入岩土工程勘察报告给出的抗浮设防水位。抗浮设防水位咨询可由建设方或勘察方委托有相关资质和能力的第三方提供相关咨询报告，但最终成果须经勘察方认可，并承担相应责任。

根据现行行业情况，编者认为，抗浮设防水位作为勘察内容的一部分，应纳入勘察成果资料，作为结构设计的依据。当勘察单位由于一些局限性难以确定抗浮设防水位时，可另行委托自己信任的具备相关资质的第三方机构进行专项勘察，得到的专项报告应最终纳入勘察成果资料，形成完整的设计依据，即建议采用上述第5种途径。

彭柏兴等针对地下水位抗浮设防取值原则，对24本国家、行业、地方标准中关于抗浮设防水位的规定进行了归纳与梳理，其中包括地下结构使用期抗浮设防水位的取值原则；潜水的抗浮设防水位确定；承压水抗浮设防水位确定；地表水影响下的抗浮设防水位的确定；特殊场地抗浮设防水位的确定；施工期的抗浮设防水位的确定等。相关内容摘录于附件，供读者参考。

1.2 抗浮设防水位按室外地面标高取值是不是就安全了?

答：有的建设项目正负零标高高于现状地面，同时邻近河流，水力联系复杂，该类项目抗浮设防水位可能高于室外地面标高取值。此时若按现状地面标高，或按室外地面标高以下0.2m或0.5m取值，可能也是不安全的。

【民建标】第5.3.1条第6款规定：场地设计标高应高于多年最高地下水位。

该规定虽然已经将室外地面标高抬高至多年最高地下水位，但相对于抗浮设防水位的相关规定来说仍有不足。比如：

多年最高地下水位与抗浮设防水位不完全对等，多年最高地下水位考虑不了承压水水头、稳定渗流产生的浮力等；

对于邻近河流、湖泊等临水工程，地下水力联系复杂，地上雨季洪水过高，均存在水位高于抗浮设防水位的风险。

【广东抗浮标】第4.2节，设防水位的确定：

4.2.1 抗浮设防水位 H_s 应取设计使用年限内最高水位。

4.2.2 当无工程设计使用年限内最高水位时，无承压水的平地地形，抗浮设防水位可取室外地坪；有承压水的平地地形，抗浮设防水位取潜水水位和承压水头较大值，潜水水位可取室外地坪；当室外地坪有坡度时，可分段确定抗浮设防水位。

4.2.3 坡地抗浮设防水位应根据上下游水头、分水岭、雨水补给、地质分布情况、地下室分布、基坑止水措施等综合考虑。

4.2.4 场地地势低洼且有可能发生淹没、浸水时，宜采取可靠的地表防、排水措施，防止地下结构周边地下水位超过抗浮设防水位。抗浮设防水位应根据周边地质情况、积水深度、内涝时间及周边积水下渗等因素确定。

4.2.5 不可能淹没的较小台地、分水岭等，当地表防水、排水条件较好时，抗浮设防水位可取丰水期地下最高水位。

1.3 抗浮设防水位有哪几种?

答：根据【抗浮标】第3.0.6条，抗浮设防水位包括使用期抗浮设防水位和施工期抗浮设防水位两种，从字面就能很好理解各自的用途，即分别应用于工程建设过程和使用全过程，那么二者之间有什么关系或区别呢?

【抗浮标】第5.1.1条对二者关系有如下说明：抗浮设防水位可分为施工期抗浮设防水位和使用期抗浮设防水位。施工期与使用期可采用相同的抗浮设防水位；拟采取地下水控制措施的工程可采用不同的抗浮设防水位。

可见,【抗浮标】认为，施工期与使用期可采用相同的抗浮设防水位，这当然是可以的，施工期抗浮肯定是偏安全的。但是从经济性角度考虑，鉴于相对于使用期，施工期是较短的，施工期抗浮设防水位可适当降低，尤其是我国北方相对雨水较少的区域，可参考本场区近几年最高水位。

未注明的情况下，岩土工程勘察报告提供的抗浮设防水位，一般为使用期抗浮设防水位。目前，部分地区一些岩土工程勘察报告中已主动提供两种抗浮设防水位，如未提供，设计人可根据项目情况采取如下措施：

1）请勘察单位补充提供，尤其是施工期间可能存在抗浮稳定问题的工程；

2）设计图纸上要求施工单位进行地下水控制，并明确地下水水位控制标高和停止地下水控制时间要求。

抗浮设防水位的类型及用途等汇总如表1.3所示。

抗浮设防水位类型及用途　　表1.3

抗浮设防水位类型	用途	注意事项
使用期抗浮设防水位	正常使用工况下抗浮稳定计算	见第1.4节内容
施工期抗浮设防水位	施工期间抗浮稳定计算	勘察报告未提供时，建议由勘察单位补充提供，见第2.6节内容

1.4　何时应复核（使用期）抗浮设防水位?

答：当基底标高、基底直接持力层、上部建筑规划等设计条件发生变化时，应进行抗浮设防水位的复核，确认确定抗浮设防水位采用的设计条件与最终设计条件一致。

抗浮设防水位的确定除了考虑本工程项目场地的水文地质条件，尚应考虑其周边环境条件。如工程场区及周边场地进行大面积回填、坡地工程 ±0.00 及室外地面提高、基底标高调整后基底直接持力层改变等情况，上述因素均存在引起抗浮设防水位抬升的可能性。而岩土工程勘察工作往往在工程初步设计初期阶段开展，或更早于该阶段，此时设计方案尚未稳定，所提供的设计资料有限，与最终设计条件可能存在一定差异。因此，在抗浮设计前复核抗浮设防水位十分必要。

另外，鉴于资料电子化的便利性，设计单位收到的资料一般为电子版，且大都为初期尚未通过外审的版本，与最终外审后的正式版可能存在一定差异。因此，在施工图设计前，应复核最终版（最好为纸质版）勘察报告。

1.5 抗浮设计对肥槽回填是否有要求？

答：关于肥槽回填，相关规范要求汇总如表 1.5 所示。

关于肥槽回填相关规范要求汇总　　表 1.5

规范标准	条款	内容
【高混规】	第 12.2.6 条	高层建筑地下室外周回填土应采用级配砂石、砂土或灰土，并应分层夯实
【国标地规】	第 8.4.24 条	筏形基础地下室施工完毕后，应及时进行基坑回填工作。填土应按设计要求选料，回填时应先清除基坑中的杂物，在相对的两侧或四周同时回填并分层夯实，回填土的压实系数不应小于 0.94
【桩规】	第 4.2.7 条	承台和地下室外墙与基坑侧壁间隙应灌注素混凝土，或采用灰土、级配砂石、压实性较好的素土分层夯实，其压实系数不宜小于 0.94

续表

规范标准	条款	内容
【京地规】	第 8.1.4 条	地下室周围应采用素土或灰土均匀分层夯实回填，压实系数不小于 0.93，或采取其他措施保证地震作用下土对结构的约束作用
【抗浮标】	第 8.1.8 条	基坑肥槽回填前应清除坑内杂物及被浸泡的土体，回填材料和密实度应满足设计要求
【地基通规】	第 7.4.3 条第 4 款	基坑回填应排除积水，清除虚土和建筑垃圾，填土应按设计要求选料，分层填筑压实，对称进行，且压实系数应满足设计要求
【筏箱基规】	第 6.1.2 条	筏形与箱形基础地下室施工完成后，应及时进行基坑回填。回填土应按设计要求选料。回填时应先清除基坑内的杂物，在相对的两侧或四周同时进行并分层夯实，回填土的压实系数不应小于 0.94
【湿陷建标】	第 7.3.2 条	基础施工完毕，其周围的灰、砂、砖等杂物应及时清除，并应用素土或灰土在基础周围分层回填夯实至散水垫层底面或室内地坪垫层底面，回填压实系数不宜小于 0.94

可见，各规范均对肥槽回填土的密实度提出了要求，但对于回填材料，【地基通规】、【国标地规】和【抗浮标】以设计要求为准，而【高混规】要求采用级配砂石、砂土或灰土。对于高层建筑，由于不存在抗浮问题，其地下室周边可以采用高透水性的级配砂石、砂土，但对于与高层建筑物相连的纯地下室或裙房地下室，由于抗浮问题的存在，若采用透水性材料回填其周边的肥槽，则可能引起水盆效应（详见后文 1.6 节），进而引起抗浮事故。为避免水盆效应，【G815 图集】对肥槽回填材料

做了如下规定：

基坑肥槽回填前应清除杂物。采用分层夯实材料时压实系数不应小于0.94。在弱透水层的场地采用透水材料进行肥槽回填时，应考虑对抗浮稳定性的不利影响。

一般纯地下室或裙房地下室肥槽建议采用弱透水性材料进行回填，如黏性土、灰土、预拌流态固化土或素混凝土。

1.6 什么是水盆效应？如何避免水盆效应发生？

答：2008年，某公司新建厂房及综合楼，暴雨后地下室顶板露天部分有上抬现象，地下室部分框架的柱、梁、板及隔墙出现裂缝。经鉴定认为，这是由于地表水渗入基坑四周，使地下水位上升，导致地下室底板受到浮力，而地下室自重不足以抵抗浮力，从而引发事故。事故引发业主、勘察单位、设计单位、施工单位经济纠纷，诉诸法院。法庭审理判决后受到工程界的关注，进而引起工程与法律的跨界讨论。肥槽回填不实，雨水和地表水渗入，与原有地下水连成一体，抬高压力水头，致浮力增大而损害地下室，是本次工程事故的直接诱因（摘自顾宝和大师《岩土之问》）。

如图1.6所示，水盆效应是指由于回填材料或者施工不满足设计要求，使用期间地表水从基坑肥槽下渗，在基坑肥槽基础底板下侧和地下室外周积水并渗入基础底板下方，造成作用于建筑物的水浮力增加。在水浮力达到一定程度后，将导致地下室底板反拱并出现裂缝，地下室填充墙开裂，甚至会发生梁柱节点开裂等事故。当主楼采用CFG桩复合地基，褥垫层容易形成渗水通道，引起水盆效应。

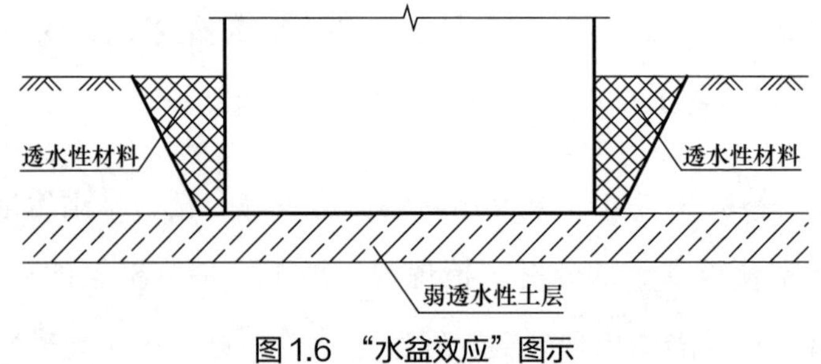

图1.6 “水盆效应”图示

避免水盆效应的具体措施有：

1）做好地面排水，避免雨水和地表水大量渗入；

2）肥槽回填材料及其回填质量除了应能保证地震作用下土对地下室的约束作用，尚应考虑其渗透性应小于周边原土的渗透性，采用相对弱透水，或者密实不透水材料回填。

基底为砂卵石层等强透水性地层时，是否就不会产生水盆效应？这时需要综合考虑基坑工程地下水控制措施。当采用降水措施时，基底以下有充分的渗水通道，不易产生水盆效应；当基坑采用止水帷幕或地下连续墙时，因基坑周边渗水通道被隔断，易形成水盆条件，产生水盆效应，此时肥槽回填材料仍需采用低透水性材料或要求回填密实。

1.7 一个场地是否可能有多个抗浮设防水位?

答：抗浮设防水位的确定十分复杂，涉及工程地质、水文地质、土力学、水力学和结构工程等多个学科领域，而一个场地区域内或者一个工程内，各部分的设计条件往往也不同，如地层有差异，基底标高不统一，室外地面标高不一致等，均会造成各个建筑物的抗浮设防水位不同，即使对于同一个建筑物，也有可能存在不同的抗浮设防水位，如坡地工程。

关于区域内抗浮设防水位，【抗浮标】有如下规定：

5.1.2 场地及其周边或场地竖向设计的分区标高差异较大时，宜按划分抗浮设防分区采用不同的抗浮设防水位。抗浮设防分区的划分宜符合下列规定：

1 跨越多个地貌单元、地下水存在水力坡降的场地可根据地质条件分区；

2 场地内有不同竖向设计标高区时，可按竖向设计标高分区；

3 同一竖向设计标高区域，原始地形、地层分布和水文地质条件等变化较大的场地，可按工程结构单元分区。

同时，【抗浮标】第2.1.7条提出了抗浮设防水位区划图的概念：以抗浮设防水位为指标，将区域划分为不同抗浮设防标准的图件。相应的条文解释为：抗浮设防水位区划图主要功能是提供城市不同区域的抗浮设防水位基准，类似抗震区划图的作用。

编者认为，编制抗浮设防水位区划图的初衷是好的，对于地层条件单一、水文地质条件简单的区域，也是有可能的。但由前文所述，由于确定抗浮设防水位的复杂性，对大多数建筑项目而言，提供统一的抗浮设防水位标高确有难度。

第 2 章

抗浮稳定验算

2.1 计算抗浮荷载时易忽略的问题有哪些?

答：计算抗浮荷载时易忽略的问题，一是考虑建筑荷载的删减或折减；二是浮力作用值的计算。

【抗浮标】第 6.3.7 条：用于抗浮稳定性验算的总抗浮力应按表 6.3.7（即本书表 2.1）组合系数计算确定。

【抗浮标】表 6.3.7 抗浮力组合系数　　表 2.1

荷载类型	对抗浮稳定不利时		对抗浮稳定有利时	
	甲级	乙级及以下	甲级及乙级	丙级
结构自重、结构和构件提供的抗拔力	1.10	1.05	1.0	1.05*
结构内部固定设备、永久堆积物	1.05	1.0	0.95	1.0
结构上部填筑体、结构内部填筑体	1.0	0.95*	**0.9**	0.95

编者注：* 宜按 1.0 取值。

根据上述内容，计算抗浮荷载时需注意，用于抗浮计算的结构模型在常规抗压计算模型上进行部分荷载删减、上覆土及基础上的回填土荷载的折减等修改后，方可用于抗浮计算或复核。

抗浮荷载计算时容易忽略的另一个问题是浮力作用值的计算方法，该内容详见本书4.3节。

2.2 抗浮计算需要单独建模吗？

答：需要。一般地，结构计算模型的输入荷载越大，结构越偏安全。而进行抗浮工程计算时，结构荷载为抗力，此时应对建筑物荷载进行必要的删减，以确保结构抗浮安全，即在结构计算模型的基础上，应删除水浮力作用后未能及时施工的恒载和使用期内可拆除的恒载，并调整部分荷载重度以降低恒载，如地下结构顶部覆土重度、地面做法重度，其后，在此模型上进行抗浮稳定电算复核。

关于计入抗力的荷载，【抗浮标】第6.3.1条的详细规定如下：

6.3.1 抗浮力计算应符合下列规定：

1 施工期抗浮力应按下列作用的组合取值：

1）包括地下结构底板在内的不同施工阶段的结构自重；

2）结构顶板、地下结构底板外挑结构上的填筑材料自重；

3）地下结构底板无外挑结构时地下结构外墙与其接触的填筑材料之间的侧摩阻力。

2 使用期抗浮力应按下列作用的组合取值：

1）包括地下结构底板在内的结构自重；

2）包括上部、地下结构底板外挑结构上的填筑材料自重；

3）地下结构底板和上部结构上的固定设备及永久堆积物的自重；

4）与地下结构连接的结构或构件提供的抗拔力。

上述条文中“地下结构底板无外挑结构时地下结构外墙与其接触的填筑材料之间的侧摩阻力”可根据工程项目情况酌情取用。

2.3 用于抗浮计算的模型荷载取值需注意哪些内容?

答:【抗浮标】第 6.3.2 条：结构自重标准值应按设计尺寸及其材料重度计算确定。材料重度应按现行国家标准《建筑结构荷载规范》GB 50009 的规定确定，特殊材料重度应根据选定的配合比计算确定。

【抗浮标】第 6.3.3 条：地下结构内部底板上填筑材料荷载标准应采用天然重度进行计算；结构上部、地下结构外墙挑出结构上的填筑材料自重标准值，抗浮设防水位以下应采用饱和重度计算，抗浮设防水位以上应采用天然重度计算。

【抗浮标】第 6.3.4 条：地下结构底板、上部结构层上固定设备及永久堆积物的自重标准值应采用设备铭牌标示重量和堆积重量。

2.4 抗浮稳定计算安全系数如何选取?

答：各相关规范关于抗浮稳定安全系数 K_w 的规定见表 2.4。

使用期抗浮稳定安全系数 K_w　　表 2.4

规范	条款	抗浮工程设计等级		
		甲级	乙级	丙级
【国标地规】	第 5.4.3 条	一般情况下可取 1.05		
【抗浮标】	第 3.0.3 条	1.10	1.05	1.00
【锚杆冶规】	第 5.3.1 条	不分等级，均为 1.1		
【锚喷规】	第 11.2.4 条	应满足国家现行有关标准的规定		
【扩锚规】	第 4.4.9 条	不分等级，1.05		

考虑到与其他结构构件计算安全系数相比，抗浮稳定安全系数已相对较低，并参考【地基规】的相关规定，【G815 图集】中规定，使用期抗浮稳定安全系数不低于 1.05，即甲级按 1.10，乙级、丙级按 1.05。

2.5 抗浮稳定不满足要求时的抗浮措施有哪些?

答：抗浮措施包括压重、设置抗浮构件（抗拔桩或抗浮锚杆）、增加结构刚度与减泄压等措施。其中减泄压为主动抗浮，为“防”；其他措施为被动抗浮，为“抗”。

【国标地规】第5.4.3条第2款：抗浮稳定性不满足设计要求时，可采用增加压重或设置抗浮构件等措施。在整体满足抗浮稳定性要求而局部不满足时，也可采用增加结构刚度的措施。

【抗浮标】根据第6.5.1条，抗浮治理措施按功能分为控制、减小地下水浮力作用效应和抵抗地下水浮力作用效应两种。其中前者包括排水限压法、泄水降压法、隔水控压法；后者包括压重抗浮法、结构抗浮法和锚固抗浮法，其中锚固抗浮法的主要方式是采用抗浮锚杆或抗拔桩。该标准中涵盖了主动抗浮、被动抗浮，即“防”和“抗”及其组合的抗浮治理思路。

每种抗浮措施都有各自的适用条件，从地基基础设计角度也各有利弊。

主动抗浮需在建筑物整个寿命周期持续监测、随时使用，存在监管连续性和有效性风险。

压重法有利于主裙楼差异沉降的控制，施工可控，不占用关键工期，但回填质量需达到设计标准，费用较高。

抗浮锚杆地层适应性较广，但因单锚承载力较抗拔桩小，布置数量往往较多，防水节点设计成为重中之重，且目前市场做法待统一。

抗拔桩相对成熟（抗拔预制桩经济性较好，但适用的地层有较大限制，同时桩较长时对桩节之间的连接可靠性要求较高，使用时需注意），使用时需特别关注主裙楼差异沉降控制。通过协同作用分析，考虑主楼基底压力扩散对裙房或纯地下区域抗浮的有利影响，有助于控制抗拔桩对主裙楼差异沉降的不利影响。

2.6 施工期抗浮设防水位如何用?

答：施工期出现抗浮事故频繁，应提出施工期抗浮设防水位，旨在强调施工期间地下水控制工况，提醒设计、施工和监理各方予以重视。

施工期抗浮设防水位一般用于施工期间停止地下水控制措施时机的计算。

一般地，结构工程师根据施工期抗浮设防水位和结构荷载，进行常规停止地下水控制措施时机（如结构封顶）的抗浮稳定验算，并在结构设计说明中注明停止地下水控制措施的施工时机。在此基础上，如因工程需要，需提前停止地下水控制措施，一般由建设方提出停止地下水控制措施施工时机，设计方据此条件进行复核，以确定停止地下水控制措施的可行性。

施工期抗浮设防水位，是根据岩土工程条件考虑正常工况确定的，并未考虑任何突发事件，比如暴雨或其他原因造成的地表水流入基槽、雨水管线渗漏进基槽等，而施工期此类事件极易发生。故在提前停止地下水控制措施后，应及时设置有效可行的地面排水设施，并进行基槽内地下水水位监测、动态跟踪设计与分析。

第 3 章

抗浮锚杆选型

3.1 抗浮锚杆有哪些类型?

答：抗浮锚杆类型主要有全长粘结型锚杆，拉力型预应力锚杆，压力型预应力锚杆，压力分散型预应力锚杆和扩体锚杆。各锚杆类型特点及相应的单根锚杆抗拔承载力特征值限值汇总见表 3.1。

抗浮锚杆类型及特点 表 3.1

抗浮锚杆类型	锚杆长度建议值 /m		单根锚杆抗拔承载力特征值宜用限值 /kN		适用范围
	土层	岩层	土层	岩层	
全长粘结型锚杆	3～10	7～15	240	350	岩层或土层，竖向位移控制要求不严格
拉力型预应力锚杆	≤15	≤10	400		硬岩、中硬岩或硬土层
压力型预应力锚杆	≤15	≤10	400	1000	—

续表

抗浮锚杆类型	锚杆长度建议值 /m		单根锚杆抗拔承载力特征值宜用限值 /kN		适用范围
	土层	岩层	土层	岩层	
压力分散型预应力锚杆	—	—	—	—	软岩或腐蚀性较高的土层（单位长度锚固段承载力高，且蠕变量小）
扩体锚杆	—	—	—	—	土层

3.2 如何区别拉力型锚杆和压力型锚杆?

答：判断抗浮锚杆是拉力型还是压力型，主要看其浆体受力状态。若在工作状态下浆体受拉，则为拉力型锚杆；若在工作状态下浆体受压，则为压力型锚杆。

图 3.2 为全长粘结型锚杆、拉力型预应力锚杆及压力型预应力锚杆示意图（摘自【G815 图集】)。压力型锚杆因为筋体端部有承载体，使得筋体受拉时浆体处于受压状态；而全长粘结型锚杆和拉力型预应力锚杆在筋体受拉时，浆体亦处于受拉状态，因此为拉力型锚杆。

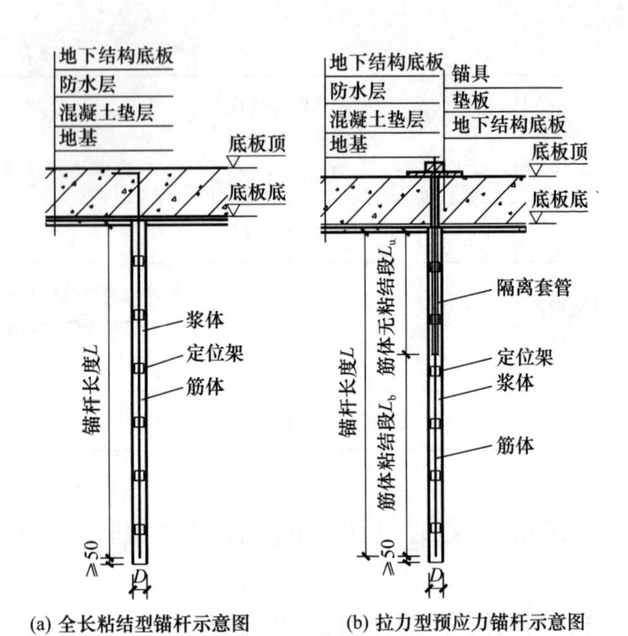

(a) 全长粘结型锚杆示意图　　(b) 拉力型预应力锚杆示意图

地下结构底板
防水层
混凝土垫层
地基
锚具
垫板
地下结构底板
底板顶
底板底
隔离套管
浆体
定位架
筋体
锚杆长度L
承载体
≥200
D

(c) 压力型预应力锚杆示意图

图 3.2　锚杆示意图

3.3 全长粘结型锚杆的特点有哪些？

答：全长粘结型锚杆属于非预应力型锚杆。为了区别其与预应力拉力型锚杆，当前标准及图集将其单独列为一类锚杆。

抗浮锚杆设计通常由结构工程师完成，由于全长粘结型工作性状与抗拔桩更易匹配，容易被结构工程师接受；同时，与预应力锚杆相比，全长粘结型锚杆施工简便，因此应用较为广泛，各地也积累了相对丰富的实践经验。

通常情况下，全长粘结型锚杆工作状态下浆体处于受拉状态。为保证杆体耐久性，【G815 图集】建议采用防腐构造措施。

甲乙级工程采用【G815 图集】全粘结锚杆时不计算裂缝的依据考虑如下：

依据【抗浮标】7.5.9、7.5.10 条条文说明，计算裂缝是出于耐久性考虑，当裂缝满足宽度不超过 0.1～0.2mm 时可将浆体作为保护层。图集中采用的全粘结锚杆未进行裂缝计算，因此不可将浆体作为保护层。依据【抗浮标】附录 F 并与审查组专家进行讨论确定，对于Ⅰ级防腐的全粘结锚杆，图集采用环氧树脂、注浆波纹管、波纹管中的浆体三道防线作为防腐措施，可满足耐久性要求；对于Ⅱ级防腐，图集采用环氧树脂一道防线作为防腐措施，或注浆波纹管两道防线作为防腐措施。

3.4　扩体锚杆应用中注意事项有哪些？

答：扩体锚杆为一种变直径锚杆，其底部直径大于上部直径，充分利用深层土层的力学性能，提高锚杆的抗拔承载能力。目前相关规范主要有【扩锚规】，另一本规范《囊式扩体锚杆技术标准》处于报批稿阶段。

【扩锚规】中高压喷射扩大头锚杆术语定义：采用高压流体在锚孔底部按设计长度对土体进行喷射切割扩孔并灌注水泥浆或水泥砂浆，形成直径较大的圆柱状注浆体的锚杆。

《囊式扩体锚杆技术标准》（报批稿）中囊式扩体锚杆术语定义：采用机械铰刀或高压喷射等方法在锚孔底部对岩土体进行切割扩孔与注浆，向锚孔内安放带有膨胀挤压筒的锚杆杆体，并通过对囊袋进行水泥浆定量有压灌注，形成底部具有大直径扩体锚固段的锚杆。

可见，扩体锚杆构造、施工工艺和受力特点均相对复杂，故在工程桩施工前应进行详尽的基本试验，确保合理可行后方可进行全面施工。

此外，扩体锚杆应用中应注意以下几点：

1）扩体部分成孔质量及其浆体强度，是体现扩体锚杆承载力优越性的重点和难点，施工工艺应确保该部分相关参数满足设计要求；

2）扩体工艺构造应做到施工简便、安全有效，确保能100%达到预期目标；

3）确保锚杆筋体与承载体及扩体构件的有效连接，其连接质量直接影响锚杆的承载能力。

3.5 抗浮锚杆与抗拔桩如何取舍？

答：作为主要的抗浮措施，抗浮锚杆和抗拔桩经常被要求进行技术和经济比选。

针对两者的选取，从技术角度考虑建议如下：

1）地层条件：抗浮锚杆使用对地层有一定限制，【G815图集】编制说明第2.6条规定：锚固段不得设置在未经处理的有机质、液限 w_L 大于50%或相对密实度 D_r 小于0.33的地层中。但抗拔桩受地层条件限制相对较小。抗浮措施选择时应因地制宜，确保安全合理。

2）抗浮荷载：鉴于抗浮锚杆有效长度有限，当抗浮荷载较大，抗浮锚杆承载力难以满足抗浮要求时，需采用抗拔桩。

3）地基基础方案：梁板式和筏板式基础，采用抗浮锚杆和抗拔桩均可；地基土较差，可采用桩基方案，抗压抗浮兼用。

变形控制要求：抗浮设计要考虑主楼与裙房或纯地下车库之间的差异变形控制。通常情况下，抗浮措施用优先选用配重法，其次选用抗浮锚杆，最后采用抗拔桩。其他因素如施工合理性、经济性等，相对复杂，此处不再展开。

3.6 抗浮锚杆与配重如何取舍?

答：一般情况下，配重加大了纯地下结构的竖向荷载，有利于减小其与主楼之间荷载集度的差异，进而有利于主楼与纯地下结构之间差异沉降的控制。当抗浮荷载较小（比如 10～20kPa），可结合上返基础使用时，可优先考虑配重方案的可行性。

采用配重方案作为抗浮措施时，存在进一步降低纯地下室（或裙房）基底标高的可能,此时带来以下问题：

1）主楼与纯地下基底标高的高差进一步扩大，可能形成主楼基底标高比纯地下室（或裙房）高的情况。如此，需先施工低处纯地下室（或裙房）结构，再施工高处主楼结构，从而造成处于关键工期上的主楼施工滞后，对工程总工期不利，同时也对主楼基础安全有一定影响。

2）一般基坑支护设计提资时，设计尚未深化，如按常规方案进行基坑支护设计，后期采用配重法降低基底标高，将影响基坑安全，存在需要另行进行基坑支护工程加固的可能，增加了工程造价。因此，采用配重法应提前确定，为基坑支护设计预留条件。

3）配重材料若选用回填土，存在运输、压实问题。在车库等结构施工完毕后，土体的晾晒也存在问题。

第 4 章

抗浮锚杆设计

4.1 一般抗浮设计过程有哪几步？

答：整体建议先手算后电算的大方向，具体流程如下（可参见图 4.1）：

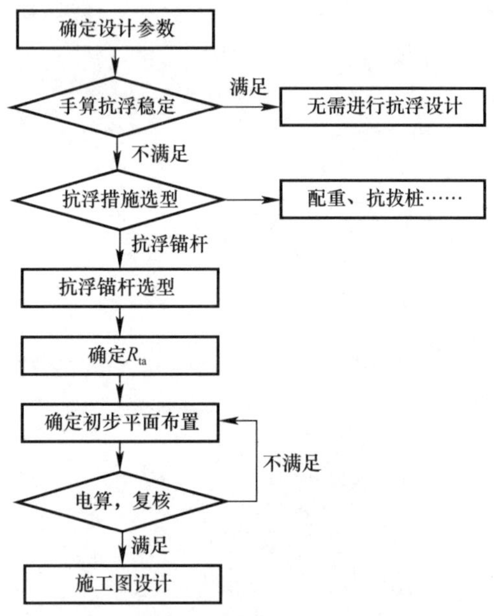

图 4.1　抗浮设计流程（抗浮锚杆）

1）确定抗浮设防水位和基底标高等设计参数；

2）确定抗浮荷载：根据结构荷载，进行初步抗浮验算，如不满足抗浮稳定要求，则进行抗浮设计；

3）抗浮选型：结合当地经验及地方相关规定要求，进行抗浮措施选型：配重、抗浮锚杆、抗拔桩等；

4）确定抗浮锚杆单根抗拔承载力特征值 R_{ta}；

5）根据抗浮荷载和 R_{ta} 初步确定锚杆数量和间距，进行抗浮锚杆平面布置；

6）将抗浮锚杆平面布置输入结构计算软件，同时输入抗拉刚度，进行抗浮锚杆杆顶轴力计算，具体详见第2章2.3节的计算方法；

7）复核杆顶轴力计算，确保抗浮安全。

4.2　水浮力和水压力有什么区别?

答：水压力，是建筑物四周，包括基础顶板、基础底板及地下室外墙等所受到的地下水的压力，其大小与目标构件所处的位置和抗浮设防水位的高差直接相关。如图4.2所示。

水浮力，与建筑物排开水的体积直接相关，遵循阿基米德定律。

在进行构件内力及配筋计算时，应采用水压力，比如抗浮板的内力计算。

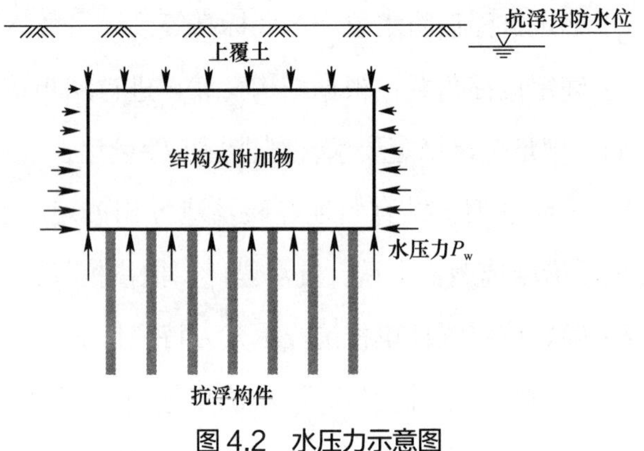

图 4.2　水压力示意图

在进行浮力作用标准值计算时，采用水压力及水浮力计算所得结果有所差别，详见 4.3 节所述。

4.3　浮力作用标准值 $N_{w,k}$ 容易在哪里出错？如何取？

答：抗浮稳定验算公式（$\sum\gamma_i G_{ki}+T$）/ $N_{w,k}\geqslant K_w$ 看似很简单，但其中每一个参数的取值和计算，都对最终计算结果有一定的影响，从而直接影响建筑物的抗浮稳定。

比如，公式中浮力作用标准值 $N_{w,k}$，是否可以直接按阿基米德定律进行计算取值？地下水水位标高高于地下室顶板后，地下结构所受水浮力是不是就不再变化了？如果不再变化，那么抗浮稳定是不是就一定安全了？

以位于室外地面以下的地下结构为例，如图 4.3–1 所示。目前抗浮稳定验算有两种计算思路：一种以地下结构基础底板为研究对象，即水浮力按基底与抗浮设防水位差计算；一种以整个地下结构为研究对象，即水浮力按结构高度计算，分别见图 4.3−2（a）和 4.3−2（b），其中地下室结构高度为 h，抗浮设防水位与地下室结构顶板之间的距离为 h_2，抗浮设防水位距离室外地面标高 h_1，所计算抗浮区域的面积为 A。各方法计算思路如下：

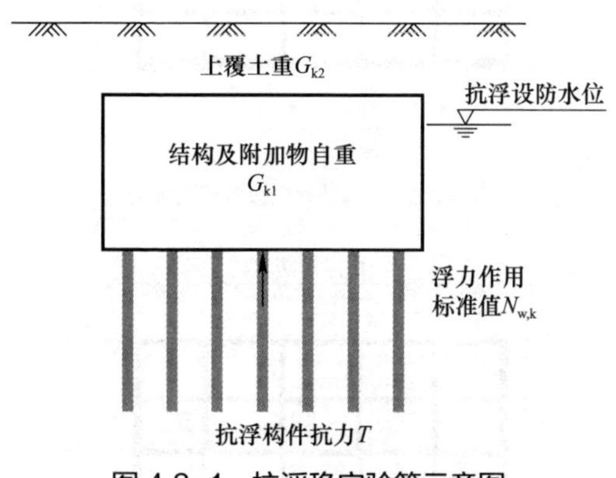

图 4.3−1　抗浮稳定验算示意图

1）水浮力按基底与抗浮设防水位差计算：

基础底板受到的浮力作用标准值：$N_{w,k}=\gamma_w(h+h_2)A$

抗力：$(\gamma h_1+\gamma_{sat}h_2)A+G_{k1}$

抗浮稳定安全系数 $K_w \leqslant \dfrac{[(\gamma h_1+\gamma_{sat}h_2)A+G_{k1}]}{\gamma_w(h+h_2)A}$

2）水浮力按结构高度计算：

地下结构受到的浮力作用标准值 $N_{w,k}=[\gamma_w(h+h_2)-$

$\gamma_w h_2$]$A=\gamma_w h A$

抗力：$(\gamma h_1+\gamma' h_2)A+G_{k1}$

抗浮稳定安全系数 $K_w \leqslant \dfrac{[(\gamma h_1+\gamma' h_2)A+G_{k1}]}{\gamma_w hA}$

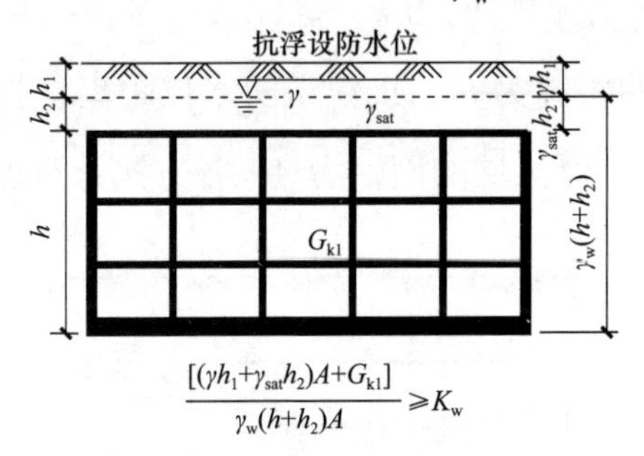

(a) 以地下结构基础底板为研究对象

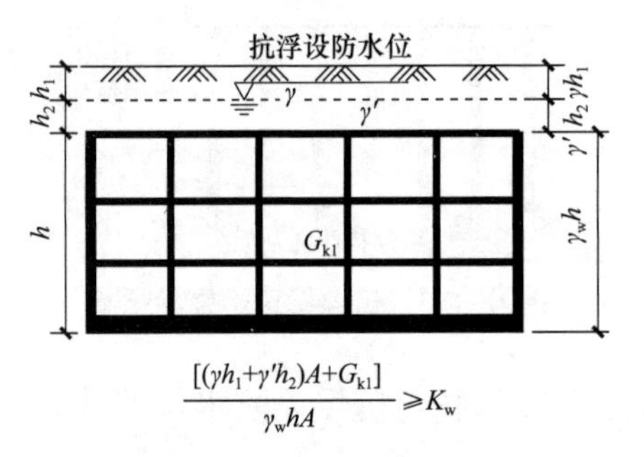

(b) 以整个地下结构为研究对象

图 4.3-2 抗浮稳定计算思路图示

二者最大区别是浮力作用标准值 $N_{w,k}$ 计算方法不同，其对抗浮稳定计算有何影响，将根据以下计算案例（图 4.3-3）进行计算分析，其中 h_w 为抗浮设防水位埋深，低于室外地面按负值表示，高于地面按正值表示；h_1 为抗浮水位标高与地面之间的距离；h_2 为抗浮水

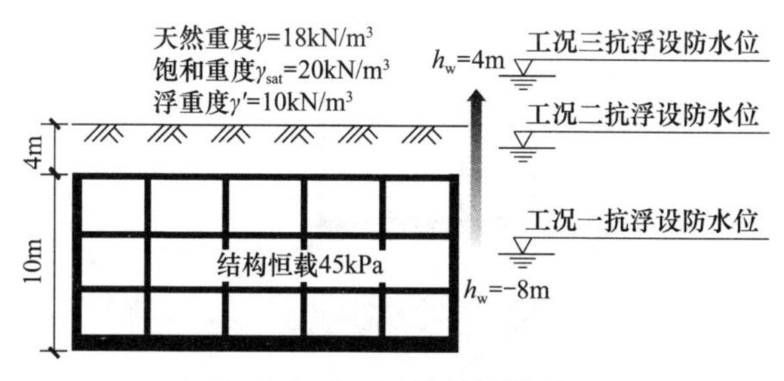

图 4.3-3 计算分析模型

位标高与地下结构顶板之间的距离。γ_w 为水重度；γ 为土体天然重度；γ_{sat} 为土体饱和重度；γ' 为浮重度，下述计算中按（土体饱和重度 - 水重度）计算。根据抗浮设防水位的不同高度，计算分为 3 种工况：

工况一：抗浮设防水位位于地下室结构顶板以下；

工况二：抗浮设防水位位于地下室顶板覆土中，即地下室结构顶板以上、室外地面以下；

工况三：抗浮设防水位位于室外地面以上。

计算结果见图 4.3-4。

由图 4.3-4 可见：

工况一：抗浮设防水位位于地下室结构顶板以下。由图 4.3-4（a）可见，随着抗浮设防水位埋深从 -8m 抬升到 -4m（地下室顶板顶标高），安全系数相应地从 1.95 降低为 1.17，该工况下两种计算方法所得结果一致。

工况二：抗浮设防水位位于地下室顶板覆土中。由图 4.3-4（b）可见，随着抗浮设防水位埋深从 -4m 抬

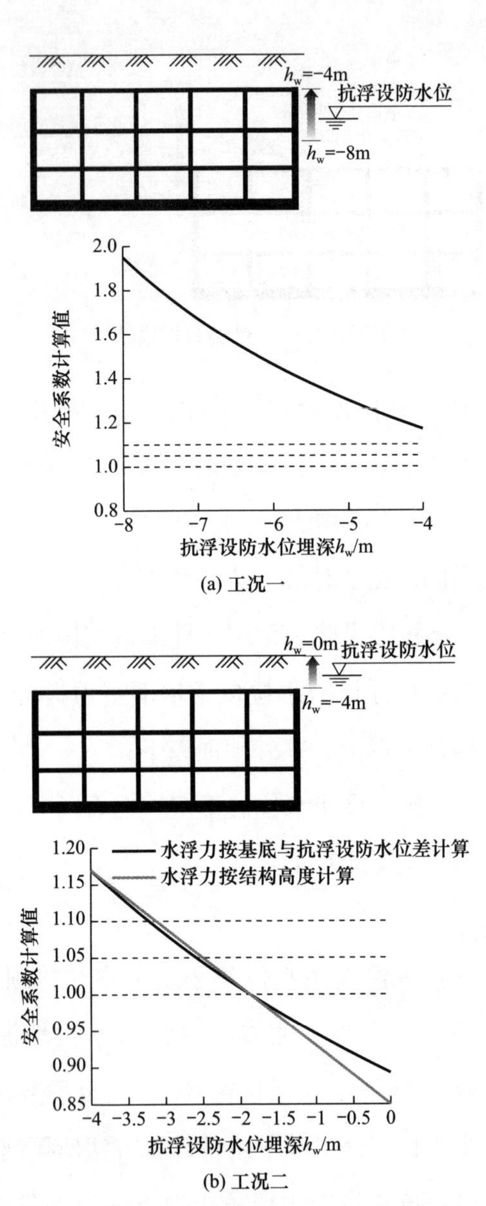

(a) 工况一

(b) 工况二

图 4.3-4　抗浮设防水位埋深 h_w 与安全系数计算值的关系曲线（一）

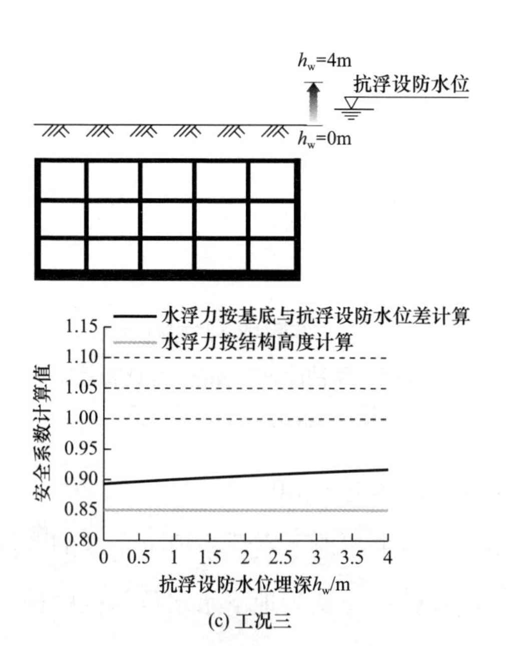

(c) 工况三

图 4.3-4 抗浮设防水位埋深 h_w 与安全系数计算值的关系曲线（二）

升到 0m（室外地面标高），两种计算方法的结果差异较大。在抗浮稳定系数计算值大于 1.0 之前，水浮力按基底与抗浮设防水位差计算所得结果大于水浮力按结构高度计算的安全系数计算值；抗浮稳定系数计算值小于 1.0 时，前者小于后者，二者差值最高达 0.043（图 4.3-5）。

工况三：抗浮设防水位位于室外地面以上。由图 4.3-4（c）可见，水浮力按结构高度计算时，其抗浮稳定安全系数不随抗浮设防水位变动而变化，但水浮力按基底与抗浮设防水位差计算的抗浮稳定安全系数随 h_w

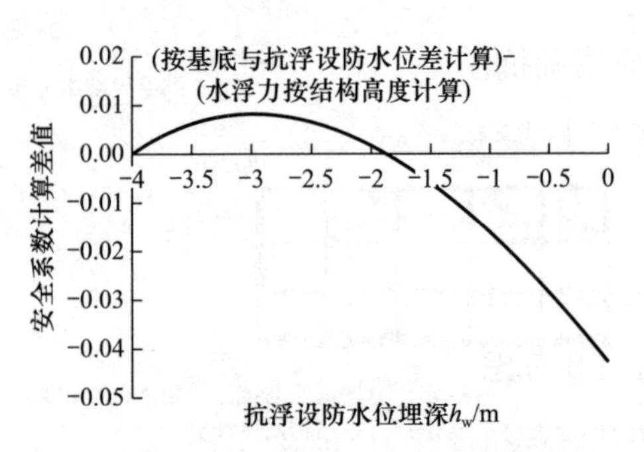

图 4.3-5　两种计算方法的安全计算差值与抗浮设防水位埋深关系图

增大越来越大，趋近于 1.0。

上述计算结果与地下室顶板覆土重度的取值有极大关系，上述算例中，认为地下水水位与抗浮设防水位一致，即【抗浮标】第 2.1.12 条关于抗浮设防水位定义里的第一种情况——建筑工程在施工期和使用期内满足抗浮设防标准时可能遭遇的地下水最高水位。此时抗浮稳定计算中，地下室顶板覆土应按饱和重度考虑。如果是第二种情况，即建筑工程在施工期和使用期内满足抗浮设防标准最不利工况组合时，地下结构底板底面上可能受到的最大浮力按静态折算的地下水水位，抗浮稳定计算时，地下室顶板覆土应按天然重度考虑，此时再采用水浮力按结构高度计算的计算方法，是偏不安全的。

基于上述分析，$N_{w,k}$ 浮力作用标准值取值应注意以下事项：

1）应明确抗浮设防水位是由地下水水位高程确定，还是由承压水或稳定渗流产生的浮力确定，其 $N_{w,k}$ 计算方法相同，但抗力计算会有所区别。

2）考虑到结构抗浮稳定计算中，其抗浮稳定系数常规按大于 1.0 考虑，为确保抗浮稳定计算偏安全，建议水浮力按基底与抗浮设防水位差计算。

3）考虑到结构顶板地下水性质或状态不同，建议地下室顶板覆土按天然重度取值，水浮力按基底与抗浮设防水位差计算，偏于安全。

4.4 R_{ta} 计算时为何要考虑 0.8 的经验系数?

答：关于抗浮锚杆抗拔承载力特征值的计算公式，现有规范中相关计算方式各异，编者综合对比分析了【抗浮标】、【锚喷规】、【锚杆冶规】中土层中呈非整体破坏时锚杆抗拔承载力特征值的计算公式，汇总归纳得到计算通用式如下：

$$R_{ta}=\frac{1}{K}\pi D\xi\psi\sum\lambda_i f_{sik}l_i \tag{4.4}$$

上式中各计算参数意义如下：R_{ta} 为单锚抗拔承载力特征值；K 为安全系数；D 为锚固体直径；ξ 为经验系数；ψ 为锚固长度影响系数；λ_i 为抗拔系数；f_{sik} 为锚固

体与土体之间极限粘结强度标准值（不同规范中该参数所采用的符号不同）；l_i 为锚固体在各土层中的长度。

根据各规范相关公式，梳理得到各参数在不同规范中的取值汇总如表 4.4 所示。由式（4.4）及表 4.4 列举数值可见，当极限粘结强度标准值一定时，各规范所采用的综合系数（包含安全系数在内）不同，变化幅度在 0.27～0.80，高值约为低值的 3.0 倍。在考虑锚杆长度对承载力影响方面，【锚杆冶规】中规定不计 0～4m 范围内锚固体与土层的粘结强度；而在【锚喷规】中引入了锚固体长度对粘结强度的折减系数 ψ：对 $L=10$m 的锚杆取值为 1，锚杆长度小于 10m 时该值取 1.0～1.6，大于 10m 时，该值取 1.0～0.6，目的是避免锚固段小于 10m 时低估或大于 10m 时高估抗拔力。

通用式中各参数在不同规范中的取值　　表 4.4

参数及符号		【抗浮标】	【锚喷规】	【锚杆冶规】
安全系数	K	2.0	2.0～2.2（3.0*）	2.0
经验系数	ξ	0.8（岩层）	—	—
锚固长度影响系数	ψ	—	1.0～1.6（L<10m） 1.0～0.6（L>10m）	（0～4m 范围 f_{sik} 取 0）
抗拔系数	λ_i	0.8～1.0（土层）	—	—

注：* 为原规范中安全系数表注“蠕变明显地层中永久锚杆锚固体的最小抗拔安全系数宜取 3.0”。

从表 4.4 可见，除【锚喷规】中对锚杆长度 L<10m 时的规定外（该规范的安全系数为 2.0～3.0），余下均有折减：或考虑经验系数和抗拔系数，或扣除杆顶部分土层粘结力。抗浮锚杆抗拔承载力特征值主要由基本试验确定，但在初步设计可根据勘察报告提供的抗浮锚杆相关参数进行计算取值，初步设计阶段需确定概算，因此初步设计确定的工程量不应过低，避免导致后面的工程造价超出概算，也就是初步设计阶段应尽量保守一点。

另外，抗浮锚杆抗拔承载力受多种因素的影响，如岩石潜在裂隙的影响，基坑开挖后地基土通常有一定量的隆起并引起强度降低的影响，非预应力锚杆锚固体在孔口附近上覆土厚度不足而将导致粘结强度降低的影响等，其中包括各种地质条件和施工因素，且很多因素难以估量。为确保工程顺利实施推进及施工安全，在抗浮锚杆抗拔承载力特征值采用公式计算确定时，建议考虑 0.8 的经验系数。

4.5 筋体与浆体之间的粘结长度需要验算吗?

答:【抗浮标】未给出筋体与浆体间粘结长度的控制要求，那么抗浮锚杆设计时，是不是就不需要进行筋体与浆体间粘结长度的控制呢？答案是否定的。

对于全长粘结型锚杆和拉力型预应力锚杆，抗浮锚杆抗拔承载力不但受土或岩与浆体间粘结力的影响，同时也受筋体与浆体间的粘结力影响。在抗浮锚杆抗拔承载力特征值较大、锚杆长度较小而筋体直径较小的情况下，是有必要控制锚固段浆体与筋体间粘结长度的。尤其在岩石锚杆、筋体材料采用钢绞线和预应力螺纹钢筋等条件下。

综合【锚杆冶规】第 5.2.6 条及【锚喷规】第 4.6.10 条，【G815 图集】设计要点第 6.6 条提供了锚固段浆体与筋体间粘结长度验算公式，具体内容如下：

锚固段浆体与筋体间粘结长度宜按下式进行验算：

$$L_b \geqslant \frac{K_b N_{tk}}{n\pi d \xi f_{ms}} \tag{4.5}$$

式中：L_b——筋体粘结段长度（m）；

K_b——锚固段浆体与筋体之间锚固长度安全系数，取 $K_b=2$；

N_{tk}——抗浮锚杆所受轴向拉力标准值（kN），本图集按 $N_{tk}=1.0R_{ta}$ 取值；

n——钢筋或钢绞线根数；

d——单根筋体直径（m）；

ξ——采用 2 根或 2 根以上钢筋或钢绞线时，界面粘结强度降低系数，宜取 0.70～0.85；

f_{ms}——锚固段浆体与筋体间极限粘结强度标准值（kPa），应由试验确定，无试验资料时可按《岩土锚杆与喷射混凝土支护工程技术规范》GB 50086—2015 中表 4.6.12 选用；涂层钢筋和涂层钢绞线应取无涂层钢筋和无涂层钢绞线粘结强度的 80%。

其中，锚固段浆体与筋体间极限粘结强度标准值 f_{ms} 可按【锚喷规】表 4.6.12 选用。同时参考【混规】表 7.1.2-2，对环氧树脂涂层带肋钢筋，其 f_{ms} 应按表中系数的 80% 取用。综合以上规范，本书建议的 f_{ms} 取值方法见表 4.5-1。

锚固段浆体与筋体间极限粘结强度标准值 f_{ms}　表 4.5-1

浆体抗压强度 / MPa	25	30	40
预应力螺纹钢筋 / MPa	1.2	1.4	1.6
钢绞线、普通钢筋 / MPa	0.8	0.9	1.0

抗浮锚杆图集第 32 页给出了“筋体粘结段长度计算表”，见表 4.5-2。从表中可见，部分计算值最小为 2m，最大达到 10m，因此该计算还是很有必要的。

筋体粘结段长度计算表　　表 4.5-2

筋体材质		直径 / mm	无涂层筋体粘结段长度 L_b/m		涂层筋体粘结段长度 L_b/m	
筋体材料	规格		1 根	≥2 根	1 根	≥2 根
热轧带肋钢筋	HRB400	20	2.0	2.9	2.5	3.7
		22	2.2	3.2	2.8	4.0
		25	2.5	3.6	3.2	4.5
		28	2.8	4.0	3.5	5.0
		32	3.2	4.6	4.0	5.8
		36	3.6	5.2	4.5	6.5
预应力螺纹钢筋	PSB1080	18	2.9	—	3.7	—
		25	4.1	—	5.2	—
		32	5.2	—	6.5	—
		36	5.8	—	7.3	—
		40	6.5	—	8.2	—
		50	8.1	—	10.2	—
	PSB1200	18	3.3	—	4.2	—
		25	4.5	—	5.7	—
		32	5.8	—	7.3	—
		36	6.5	—	8.2	—
		40	7.2	—	9.0	—
		50	9.0	—	11.3	—
钢绞线	f_{stk} = 1860MPa 1×7（七股）	12.7	4.7	6.8	5.9	8.5
		15.2	5.6	8.0	7.0	10.0

注：1. 表中 N_{tk} 取值为：筋体截面积 × 筋体抗拉强度设计值 /2。

2. 本表锚固段注浆体与地层间极限粘结强度标准值 f_{ms} 取值如下：水泥浆或水泥砂浆注浆体与预应力螺纹钢筋为 1.4MPa，水泥浆或水泥砂浆注浆体与热轧带肋钢筋及钢绞线为 0.9MPa。

3. 采用 2 根或 2 根以上钢筋或钢绞线时，界面粘结强度降低系数 ξ 取 0.70。

4. 当 N_{tk} 与 R_{ta} 相差较大时，可根据 N_{tk} 进行验算。

5. 其他等级筋体由设计人根据本图集“设计要点”第 6.6 条计算给出。

4.6 整体破坏抗浮稳定还需要验算吗?

答:【抗浮标】第 7.5.3 条条文说明和【锚杆冶规】第 4.1.8 条及条文说明均有说明，锚杆锚固体间距大于 1.5m 或 8 倍直径时可不考虑群锚影响。那么当锚杆间距大于 1.5m 或 8 倍直径时，还需要验算群锚承载力么?

编者认为，当抗浮锚杆长度较短而抗拔承载力较高的情况下，即使锚杆间距大于 1.5m 或 8 倍直径时仍需要进行群锚呈整体破坏时的抗浮稳定验算（图 4.6）。鉴于抗浮锚杆间距及抗拔承载力各异，故很难直接给出不用进行群锚呈整体破坏时的抗浮稳定验算的相关参数。

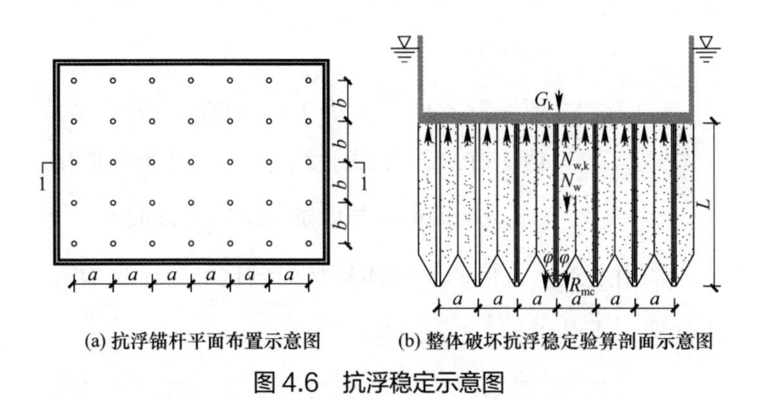

(a) 抗浮锚杆平面布置示意图　　(b) 整体破坏抗浮稳定验算剖面示意图

图 4.6　抗浮稳定示意图

群锚呈整体破坏时,抗浮稳定性验算应按下式验算:

$$\frac{G_k + n(W_w + R_{mc}/2)}{N_{w,k}} \geqslant K_w \tag{4.6-1}$$

$$W_w = \left[\pi ab \frac{a+b}{48\tan\varphi} + ab\left(L - \frac{a+b}{4\tan\varphi} \right) \right] \gamma'_m \quad (4.6\text{-}2)$$

$$R_{mc} = abf_{tk} \quad (4.6\text{-}3)$$

式中：W_w——假定破裂体内按浮重度计算的岩土体自重标准值（kN）；

R_{mc}——假定破裂面上的岩土体极限抗拉承载力标准值（kN）；

a、b——锚杆布置的纵向和横向间距（m）；

L——锚杆总长度（m）；

φ——锚杆端部土层的内摩擦角（°），一般可取30°；

γ'_m——假定破裂体内岩土体平均浮重度标准值（kN/m^3）；

f_{tk}——假定破裂面岩土体平均极限抗拉强度标准值（kPa），按试验结果或工程经验取值，土层、全风化岩及强风化岩建议取0。

采用上式进行群锚呈整体破坏时的抗浮稳定性验算，应注意以下几点：

1）假定破裂体内岩土体平均浮重度标准值γ'_m应取浮重度；

2）假定破裂面岩土体平均极限抗拉强度标准值取值，土体可取0，岩石可参考《工程地质手册》中相关内容，一般为岩石抗压强度的 3%～5%。具体详见《工程地质手册》（第五版）表 3-1-40（即本书表 4.6-1）。

岩石的抗拉强度与抗压强度之间的经验关系

表 4.6-1

岩石名称	抗拉强度 / 抗压强度
花岗石	0.028
石灰岩	0.059
砂岩	0.029
斑岩	0.033

3）【抗浮标】将群锚呈整体破坏时的抗浮稳定性验算置于抗浮锚杆承载力取值计算公式中，但其计算公式得到 W_w 之后，安全系数按 2 考虑，过于保守，计算结果很容易出现群锚破坏，故使用该标准时应注意公式的正确应用。【抗浮标】关于群锚呈整体破坏时的抗浮稳定性验算要求如下：

3　群锚呈整体破坏时锚杆极限抗拔承载力标准值应按下式计算（图 7.5.5）：

$$R_{nd}=W_w+R_{mc} \tag{7.5.5-3}$$

$$W_w=\left[\pi ab\frac{a+b}{48\tan\varphi}+ab\left(H-\frac{a+b}{4\tan\varphi}\right)\right]\gamma_k' \tag{7.5.5-4}$$

4）如何快速判断是否发生群锚整体破坏？对于土体

锚杆较为简单，有三种快速方法，可供审核人员快速判断抗浮锚杆整体稳定性，具体见表 4.6−2。如存在破坏可能，应进行具体的整体稳定性验算。

快速判断抗浮锚杆整体稳定性方法　　表 4.6−2

<table>
<tr><th rowspan="2">方法</th><th rowspan="2">计算值 A</th><th rowspan="2">计算值 B</th><th colspan="3">整体稳定性判断</th><th rowspan="2">备注</th></tr>
<tr><th>肯定破坏</th><th>可能破坏</th><th>不破坏</th></tr>
<tr><td>方法一</td><td>$\sum l_i\gamma_i'$</td><td>抗浮荷载</td><td rowspan="3">A<<B</td><td rowspan="3">A≈B</td><td rowspan="3">A>>B</td><td>l_i：抗浮锚杆长度
γ_i'：土层浮重度
已知抗浮荷载</td></tr>
<tr><td>方法二</td><td>$ab\sum l_i\gamma_i'$</td><td>R_{ta}</td><td>a、b：锚杆间距
R_{ta}：抗浮锚杆抗拔承载力特征值</td></tr>
<tr><td>方法三</td><td>【G815 图集】第 33 页表格确定 W_w 取值</td><td>R_{ta}</td><td>已知锚杆间距 a、b，锚杆总长度 l 和 R_{ta}</td></tr>
</table>

注：抗浮荷载为 $(K_wN_{w,k}-\sum\gamma_iG_{ki})/A$，其中 A 为所计算抗浮区域的面积。

表 4.6−2 方法三中所提及【G815 图集】第 33 页表格详见表 4.6−3。

4.7　扩大头锚杆筋体截面面积计算时，安全系数如何取用？

答：【扩锚规】中，锚杆抗拔安全系数、杆体与注浆体粘结安全系数及抗拉断综合安全系数均与锚杆破坏的危害程度对应的等级有关，具体见表 4.7。

整体破坏时单根锚杆对应的土体自重标准值 W_w 选用表（kN） 表 4.6-3

锚杆总长度 /m	间距 /m（按正方形布置）															
	1.5	1.6	1.7	1.8	1.9	2.0	2.1	2.2	2.3	2.4	2.5	2.6	2.7	2.8	2.9	3.0
5	100	112	124	137	150	164	177	191	205	220	234	248	263	277	291	305
6	125	140	156	173	190	208	226	245	264	283	303	323	343	363	384	404
7	150	168	188	208	230	252	274	298	322	346	371	397	423	449	476	503
8	174	196	220	244	269	296	323	351	380	410	440	471	503	536	569	602
9	199	225	252	280	309	340	371	404	438	473	509	546	583	622	661	701
10	224	253	283	315	349	384	420	458	496	536	578	620	663	708	754	800
11	249	281	315	351	389	428	468	511	555	600	646	694	744	794	846	899
12	273	309	347	387	428	472	517	564	613	663	715	769	824	881	939	998
13	298	337	379	422	468	516	566	617	671	726	784	843	904	967	1031	1097
14	323	365	411	458	508	560	614	670	729	790	853	917	984	1053	1124	1196
15	348	394	442	494	547	604	663	724	787	853	921	992	1064	1139	1216	1295

注：1. 破坏体内岩土体平均浮重度标准值取 11kN/m^3 考虑。

2. 锚杆端部土层的内摩擦角按 30° 考虑。

3. 锥体破裂面岩土体平均极限抗拉强度标准值 f_{tk} 取 0。

锚杆安全系数 表 4.7

等级	锚杆破坏的危害程度	锚杆抗拔安全系数 K	杆体与注浆体粘结安全系数 K_s	抗拉断综合安全系数 K_t
Ⅰ	危害大，会造成公共安全问题	2.2	2.0	1.5～1.6（其中，一级防腐应取上限值，二级防腐应取中值，三级和三级防腐以下应取下限值）
Ⅱ	危害较大，但不致造成公共安全问题	2.0	1.8	
Ⅲ	危害较轻，且不致造成公共安全问题	2.0	1.6	

注：表中均为永久锚杆。

可见，该规范相关安全系数的取值，与【抗浮标】和【G815 图集】不尽相同（见表 4.4），后两者筋体面积计算时安全系数基本为 2.0～3.0，而表 4.7 中部分安全系数还有降低。鉴于该规范适用于基坑支护、边坡支护及抗浮措施等，考虑到规范使用的合理性，建议进行抗浮设计时，其安全系数与【抗浮标】和【G815 图集】统一，以满足随机抽取的验收要求。

4.8 抗浮锚杆所受轴向拉力标准值 N_{tk} 如何取值?

答:【G815 图集】“设计要点”第 7.1 条，锚杆筋体截面面积应按下式确定:

$$A_s \geq \frac{K_t N_{tk}}{f_y} \qquad (4.8-1)$$

$$A_s \geqslant \frac{K_t N_{tk}}{f_{py}} \qquad (4.8\text{-}2)$$

式中：A_s——锚杆筋体截面面积；

K_t——锚杆筋体抗拉安全系数，取 2.0；

N_{tk}——抗浮锚杆所受轴向拉力标准值；

f_y——钢筋抗拉强度设计值；

f_{py}——预应力钢筋抗拉强度设计值。

式中抗浮锚杆所受轴向拉力标准值 N_{tk} 如何取值？理论上，N_{tk} 应取抗浮工况下锚杆顶部所受轴力标准值，但在设计过程中，由于抗浮锚杆抗拉刚度的不确定性和不均匀性，杆顶轴力很难精确计算确定，但从计算角度考虑，应确保 $N_{tk} \leqslant 1.0R_{ta}$，故建议抗浮锚杆配筋计算时 $N_{tk}=1.0R_{ta}$。

4.9 抗浮锚杆防腐等级如何确定？

答：考虑耐久性，一般离不开抗浮锚杆所处环境，即土和水的性状。一般地，岩土工程勘察报告根据【国标勘规】对水和土腐蚀性进行评价，并确定腐蚀等级，根据土和水对筋材腐蚀程度划分为微、弱、中、强四个腐蚀等级（表 4.9）。【G815 图集】根据腐蚀等级及抗浮锚杆类型，确定了抗浮锚杆最低防腐等级。其中，鉴于压力型锚杆的浆体受压，无裂缝，可作为一道防腐防线，故对压力型锚杆的防腐等级降低一些要求。同时，对于高腐蚀性的地层，抗浮锚杆的防腐措施应通过专项技术研究和论证，在足够安全的情况下使用。

抗浮锚杆最低防腐等级　　表 4.9

锚杆类型	腐蚀等级			
	微	弱	中	强
全长粘结型锚杆 拉力型预应力锚杆 全长粘结型扩体锚杆 拉力型预应力扩体锚杆	Ⅱ级	Ⅰ级	*	*
压力型预应力锚杆 压力分散型预应力锚杆 压力型预应力扩体锚杆	Ⅱ级	Ⅰ级	Ⅰ级	*

注：* 表示该腐蚀等级的防腐措施应通过专项技术研究和论证。

4.10　抗浮锚杆耐久性如何考虑？抗浮锚杆是否可不计算按裂缝宽度控制？

答：抗浮锚杆的浆体和筋体可能受到土和水的腐蚀，影响到抗浮锚杆的耐久性。当采用全长粘结型锚杆时，如何确保抗浮锚杆的耐久性？

全长粘结型抗浮锚杆耐久性设计可采用下述三种方法之一：

1）裂缝宽度计算值控制；

2）防腐构造措施；

3）筋体考虑腐蚀裕量。

【G815 图集】编制组与评审专家经充分研讨，建议耐久性设计采用防腐构造措施方法，详见【G815 图集】“设计要点”第 8 节“耐久性设计”。

裂缝宽度计算公式目前有两种方式：【混规】4.2.2 条和【水运混规】6.4.2 条。

为方便读者查阅，摘录【水运混规】第 6.4.2 条如下：

$$W_{\max}=\alpha_1\alpha_2\alpha_3\frac{\sigma_s}{E_s}\left(\frac{c+d}{0.30+1.4\rho_{te}}\right) \qquad (6.4.2)$$

式中 $W_{\max}$——最大裂缝宽度（mm）；

α_1——构件受力特征系数，轴心受拉构件取 1.20；

α_2——考虑钢筋表面形状的影响系数，光圆钢筋取 1.4；带肋钢筋取 1.0；

α_3——考虑作用的准永久组合或重复荷载影响的系数，取 1.5；

σ_s——钢筋混凝土构件纵向受拉钢筋的应力（N/mm^2）；

E_s——钢筋弹性模量（N/mm^2），按【水运混规】表 4.2.4 采用；

c——最外排纵向受拉钢筋的保护层厚度（mm），当 c 大于 50mm 时，取 50mm；

d——钢筋直径（mm），当采用不同直径时，取其加权平均的换算直径（mm）；

ρ_{te}——纵向受拉钢筋的有效配筋率。

对于保护层厚度及裂缝宽度控制要求见表 4.10。

不同规范耐久性相关规定　　表 4.10

规范名称	条款	保护层厚度取值	裂缝宽度控制要求 / mm
【混耐标】	3.5.4	大于 30mm 时，取 30mm	0.3
【混规】	3.4.5 7.1.2	大于 65mm 时，取 65mm	0.2
【抗浮标】	7.6.9	—	0.2（0.3）
【水运混规】	6.4.2	大于 50mm 时，取 50mm	—
【京地规】	9.4.12	—	0.25

根据上述规范相关要求及工程实践，编者认为，混凝土保护层厚度可按【混耐标】取值，即大于 30mm 时，取 30mm。

除了防腐措施之外，同时，还要求筋体保护层厚度不应小于 25mm，且不应小于钢筋直径，锚杆的锚具、垫板及端头筋体混凝土保护层厚不应小于 50mm，筋体间净距不小于 10mm。

4.11 预应力螺纹钢筋 PSB1080，抗拉强度设计值取 770MPa，还是 900MPa？

答：预应力螺纹钢筋 PSB1080，抗拉强度设计值应为 900MPa。

常见查表误区：根据【混规】表 4.2.3-2（即本书表 4.11-1），得到预应力螺纹钢筋 PSB1080 的抗拉强度设计值是 770MPa。这一取值是错误的。

【混规】表 4.2.3-2 预应力筋强度设计值（N/mm^2）

表 4.11-1

种类	极限强度标准值 f_{ptk}	抗拉强度设计值 f_{py}	抗压强度设计值 f'_{py}
中强度预应力钢丝	800	510	410
	970	650	
	1270	810	
消除应力钢丝	1470	1040	410
	1570	1110	
	1860	1320	
钢绞线	1570	1110	390
	1720	1220	
	1860	1320	
	1960	1390	
预应力螺纹钢筋	980	650	400
	1080	770	
	1230	900	

【G815 图集】第 31 页“抗浮锚杆筋体选用表”中，PSB1080 的轴向拉力标准值 N_{tk} 是否有误？【G815 图集】第 49 页“筋体材料力学性能”表中，预应力螺纹钢筋相关的参数是否有误？

引起上述问题，主要原因是【混规】中未提供预应力螺纹钢筋级别及其对应的相关材料参数取值，而恰好在【混规】表 4.2.3-2 中，极限强度标准值出现 1080N/mm²，从而导致相关误解。具体解释如下：

首先需了解预应力螺纹钢筋级别的定义，根据【预螺钢】第 4 条“强度等级代号”，预应力混凝土用螺纹钢筋以屈服强度划分级别，其代号为“PSB”加上规定屈服强度最小值表示。即预应力螺纹钢筋 PSB1080 表示屈服强度最小值为 1080MPa 的钢筋。是“PSB+ 屈服强度标准值”，还是“PSB+ 极限强度标准值”？

根据【混规】4.2.2 条文说明：普通钢筋采用屈服强度标志。屈服强度标准值 f_{yk} 相当于钢筋标准中的屈服强度特征值 R_{eL}。观察【混规】表 4.2.2-1（即本书表 4.11-2），可见普通钢筋牌号与屈服强度标准值 f_{yk} 对应。

【混规】表 4.2.2-1 普通钢筋强度标准值 /（N/mm²）

表 4.11-2

牌号	符号	公称直径 d（mm）	屈服强度标准值 f_{yk}	极限强度标准值 f_{stk}
HPB300	ф	6～14	300	420
HRB335	ф	6～14	335	455
HRB400 HRBF400 RRB400	ф ф^F ф^R	6～50	400	540

续表

牌号	符号	公称直径 d（mm）	屈服强度标准值 f_{yk}	极限强度标准值 f_{stk}
HRB500 HRBF500	Φ Φ^F	6～50	500	630

基于上述逻辑，预应力螺纹钢筋的级别是否也是与屈服强度标准值对应？【预螺钢】未明确级别与相关材料参数的关系，但可根据上述逻辑，以及【预螺钢】第7.4.1条表3中级别与屈服强度对应关系可知，预应力螺纹钢筋的级别是与屈服强度对应的，而预应力螺纹钢筋的屈服强度标准值 f_{pyk} 可由【混规】表4.2.2-2查得，并对应有极限强度标准值 f_{ptk}，再根据【混规】表4.2.3-2中极限强度标准值 f_{ptk} 查得抗拉强度设计值 f_{py}。以上相关规范中的表格见表4.11-3、表4.11-4。

【预螺钢】第7.4.1条表3　　表4.11-3

级别	屈服强度 R_{eL}/MPa	抗拉强度 R_m/MPa	断后伸长率 A/%	最大力下总伸长率 A_{gt}/%	应力松弛性能	
					初始应力	1000h后应力松弛率 V_r/%
	不小于					
PSB785	785	980	8	3.5	$0.7R_m$	≤4.0
PSB830	830	1030	7			
PSB930	930	**1080**	7			
PSB1080	**1080**	1230	6			
PSB1200	1200	1330	6			

【混规】表 4.2.2-2 中预应力筋强度标准值 / (N/mm^2)

表 4.11-4

种类		符号	公称直径 d（mm）	屈服强度标准值 f_{pyk}	极限强度标准值 f_{ptk}
预应力螺纹钢筋	螺纹	Φ^T	18、28、32、40、50	785	980
				930	1080
				1080	1230

【混规】表 4.2.3-2 预应力筋强度设计值 / (N/mm^2)

表 4.11-5

种类	极限强度标准值 f_{ptk}	抗拉强度设计值 f_{py}	抗压强度设计值 f'_{py}
预应力螺纹钢筋	980	650	400
	1080	770	
	1230	900	

而在实际应用过程中，查找较为常用的 PSB1080 的抗拉强度设计值，如果对预应力螺纹钢筋的级别不了解，而只看到【混规】表 4.2.3-2（即本书表 4.11-5），极易将极限强度标准值 f_{ptk} 中 $1080N/mm^2$ 与 PSB1080 联系起来，并作为预应力螺纹钢筋的级别命名，从而错误地认为预应力螺纹钢筋 PSB1080 的抗拉强度设计值是 770MPa。

预应力螺纹钢筋抗拉强度设计值的正确取值见表 4.11-6。更多筋体材料性能详见【G815 图集】第 49 页“筋体材料力学性能”表。

预应力螺纹钢筋抗拉强度设计值　　表 4.11-6

筋体种类	牌号或级别	屈服强度标准值 f_{stk}/f_{ptk}/MPa	抗拉强度设计值 f_y/f_{py}/MPa
预应力螺纹钢筋	PSB785	785	650
	PSB930	930	770
	PSB1080	1080	900
	PSB1200	1200	1000

4.12 压力型锚杆浆体受压承载力一定要验算么？验算不满足怎么办？

答：压力型抗浮锚杆端部构造见图 4.12，在检测或工作工况下，筋体受拉后，承载体将荷载传递至锚固体上，从而达到锚固体受压的状态。同时，由于耐久性要求，承载体保护层厚度不小于 25mm，即承载体外径与锚固体直径的差值不少于 50mm。可见，压力型锚杆承载体面积小于锚固体横截面积，锚固体工作时呈局部受压状态，设计抗拔承载力较大时应对其进行局部受承载能力验算。

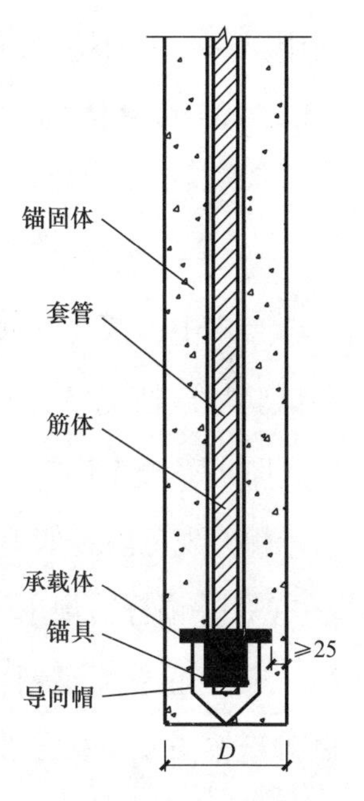

图 4.12　压力型抗浮锚杆端部构造图

抗浮锚杆局部受压模式与【混规】第6.6节“局部受压承载力计算”中受力模式不同，抗浮锚杆锚固体是在有侧限条件下工作的，侧限可以提高锚固体的局部抗压力，而【混规】中相关局压是没有侧限条件的。依据【锚杆冶规】和【深圳锚标】，在压力型锚杆浆体受压承载力计算公式中引入了锚固体局部抗压强度增大系数 η，根据承载体实际受压情况，提出了抗浮锚杆局部受压验算公式：

$$R_{ta} \leqslant \eta f_{ck} A_c / 2 \tag{4.12}$$

式中：η——浆体强度侧限增大系数，应由试验确定；

f_{ck}——浆体轴心抗压强度标准值，可按【混规】中混凝土轴心抗压强度标准值取值；

A_c——浆体受压净面积。

上式中，浆体强度侧限增大系数 η 应由试验确定，即试验加载情况下，判断锚固体是否破坏，在初步设计估算时可参考【抗浮标】推荐的相关建议值。

相关规范内容如下，供参考：

（1）【锚杆冶规】

5.2.7 条条文说明：压力型锚杆承载体面积小于锚固体横截面积，锚固体工作时呈局部受压状态，设计抗拔承载力较大时应对其进行局部受压承载能力验算。锚固体是在有侧限条件下工作的，无侧限浆体的抗压强度只适用于其基本质量考核，远不能反映锚杆工作时的准确强度。《岩土锚杆（索）技术规范》条文说明中介绍，根据英国 A. D. Barley 等人所进行的模拟灌浆柱在密实～很密实砂或软弱岩体的侧限环境中加荷试验表明，无侧限状态下抗压强度仅为 40～70MPa 的浆体，在有侧限条件下达到了 200～800MPa 的压应力。有侧限的浆体的抗压强度增大幅度与浆体周边的岩土弹模等多种因素有关，应通过现场试验确定。本规程推荐的式（5.2.7-2）源自《混凝土结构设计规范》中素混凝土局部受压承载力验算公式，荷载分布影响系数 ω 取 1.0，用浆体强度侧限增大系数 η 代替了原公式中的混凝土局部受压时的强度提高系数 β_1，用混凝土抗压强度标准值 f_{ck} 代替了原公式中的设计值 f_c，浆体与素混凝土的强度差异、素混凝土与混凝土的强度差异等合并体现在 η 项。通常，η 远大于 β_1。按本公式的验算结果也应经过现场试验最终确定。为便于工程应用，本规程建议了 η 经验值，如本规程条文说明表 7（即本书表 4.12）所示。

【锚杆冶规】表 7 浆体与地层粘结强度标准值 f_b 及浆体强度侧限增大系数 η　　表 4.12

岩土层种类	岩土的状态或密实度	粘结强度标准值 f_b/kPa	浆体强度侧限增大系数 η
黏性土	可塑	40～60	1.3～1.9

续表

岩土层种类	岩土的状态或密实度	粘结强度标准值 f_b/kPa	浆体强度侧限增大系数 η
黏性土	硬塑	60～75	1.9～2.4
	坚硬	75～90	2.4～2.9
粉土	稍密	20～45	1.0～1.4
	中密	45～65	1.4～2.1
	密实	65～100	2.1～3.2
粉砂、细砂	稍密	20～40	1.0～1.1
	中密	40～65	1.1～1.7
	密实	65～85	1.7～2.2
中砂	稍密	55～75	1.4～1.9
	中密	75～90	1.9～2.3
	密实	90～120	2.3～3.1
粗砂	稍密	80～120	2.0～3.1
	中密	120～170	3.1～3.6
	密实	170～220	3.6～4.7
砾砂	稍密	100～150	2.5～3.2
	中密	150～200	3.2～4.2
	密实	200～260	4.2～5.5
碎石土	稍密	120～160	3.1～3.4
	中密	160～220	3.4～4.7
	密实	220～300	4.7～6.4
岩石	极软岩	200～350	2.9～3.9
	软岩	350～800	3.9～5.9
	较软岩	800～1200	5.9～6.6

续表

岩土层种类	岩土的状态或密实度	粘结强度标准值 f_b/kPa	浆体强度侧限增大系数 η
岩石	较硬岩	1200～1600	6.6～8.8
	坚硬岩	1600～3000	8.8～11.0

注：1. 表中数据适用于常压灌浆，土层中采用二次简易高压注浆时有一定提高，采用分段高压劈裂灌浆时可明显提高；

2. 采用泥浆护壁成孔工艺时，数据应适当折减；

3. 采用套管护壁成孔且灌浆时钻孔内无积水时，数据可取高值；

4. 砂土中细粒含量超过总质量的 30% 时，数据应适当折减；

5. 对有机质含量为 5%～10% 的有机质土，数据应适当折减；

6. 锚固段长度大于本规程表 4.6.5 推荐长度时，数据应适当折减；

7. 粉土的密实度分类应符合《岩土工程勘察规范》GB 50021 的有关规定。

上述注释是针对黏结强度标准值 f_b，与浆体强度侧限增大系数 η 无关。

（2）【深圳锚标】

5.4.5 条条文说明：锚固体局压破坏是压力型锚杆主要破坏模式之一。锚固体是在有侧限条件下工作的，侧限提高了锚固体抗局压力，故式（5.4.5）中引入了锚固体局部抗压强度增大系数 η。η 主要取决于锚固体所受侧限大小，与锚固体强度及均匀性、岩土体性状及锚固段埋置深度等因素相关。本标准编制组及《囊式扩体锚杆技术标准》编制组总结了 200 多项工程实践及专项试验结果，表明在锚固段具有一定埋置深度时、标准贯入击数 7～8 击以上的地层可以提供不小于 1400kN 的极限抗拔力，淤泥质土等软弱地层提供的承载力也不小于 800kN，据此反算 η 在较好地层中不小于 4.0、在软弱地层中不小于 2.0；但 2.0～4.0 为下限值，上限值业界尚不清楚。故本标准建议：锚固体为浆体时局部抗压强度增大系数可取 2.0～4.0，强度较高、埋深较深的地层中及注浆压力较大时取高值，反之则取低值；另外，式（5.4.5）直接采用浆体立方体抗压强度标准值，与采用强度设计值相比计算更简单易行、准确度更高。

如果验算不满足，则可采取以下几种措施解决：1）增加锚杆直径和承载体的直径；2）提高抗浮锚杆浆体强度等级；3）调整抗浮锚杆长度，将锚杆端部置于岩土力学性状较好的地层；4）采用扩大头锚杆，增加承载体的直径；5）降低抗浮锚杆抗拔承载力特征值。

4.13 如何确定抗浮锚杆抗拉刚度？

答：在使用结构软件进行抗浮验算时，需输入抗浮锚杆抗拉刚度，那么抗拉刚度怎么计算或者选取呢？一般地，有试验数据的情况下，锚杆轴向抗拉刚度应由试验检测数据来确定，其计算方法如下：

$$k_{R}=\frac{N_{k}-Q_{0}}{\Delta s} \tag{4.13-1}$$

初步设计时，预应力锚杆轴向抗拉刚度也可按下式估算：

$$k_R = \frac{nE_s A_s}{l_{fd}} \tag{4.13-2}$$

式中：k_R——锚杆轴向抗拉刚度系数（kN/m）；

Q_0——试验初始荷载（kN）；

Δs——相应于 Q_0 至 N_k 之间的锚头位移值（m）；

E_s——筋体弹性模量（kN/m^2）；

l_{fd}——筋体传力计算长度（m）。

上述公式参考【锚杆冶规】第 5.4.1 条，但该条将锚杆轴向抗拉刚度定义为锚杆轴向抗拉刚度系数，本书特调整为锚杆轴向抗拉刚度。

式中筋体传力计算长度 l_{fd} 可依据【深圳锚标】第 5.8.2 条进行确定，其中锚筋自由段与筋体无粘结段意义相同，具体如下：

1）拉力型锚杆在岩体基本质量等级Ⅰ～Ⅳ级的岩层中取锚筋自由段长度，在岩体基本质量等级Ⅴ级的岩层及土层中取粘结段长度的三分之一与锚筋自由段之和；

2）全粘结锚杆在岩体基本质量等级Ⅰ～Ⅲ级的岩层中取锚筋非粘结段长度，在岩体基本质量等级Ⅳ～Ⅴ级的岩层及土层中取粘结段长度的三分之一；

3）粘结段长度取值不超过有效锚固长度；

4）压力型锚杆取锚筋自由段长度。

4.14　锚杆布置需不需要考虑变形控制?

答：抗浮锚杆设计满足稳定要求的同时，应确保地基土满足承载力及变形控制要求。确保抗浮锚杆达到抗浮要求的同时，应兼顾裙房或纯地下车库与主楼之间的差异变形控制［尤其在主楼采用相对刚度较弱的地基，如天然地基或CFG桩复合地基，而裙房或纯地下室采用抗拔桩（图4.14）的项目中］，以及裙房柱与裙房板之间

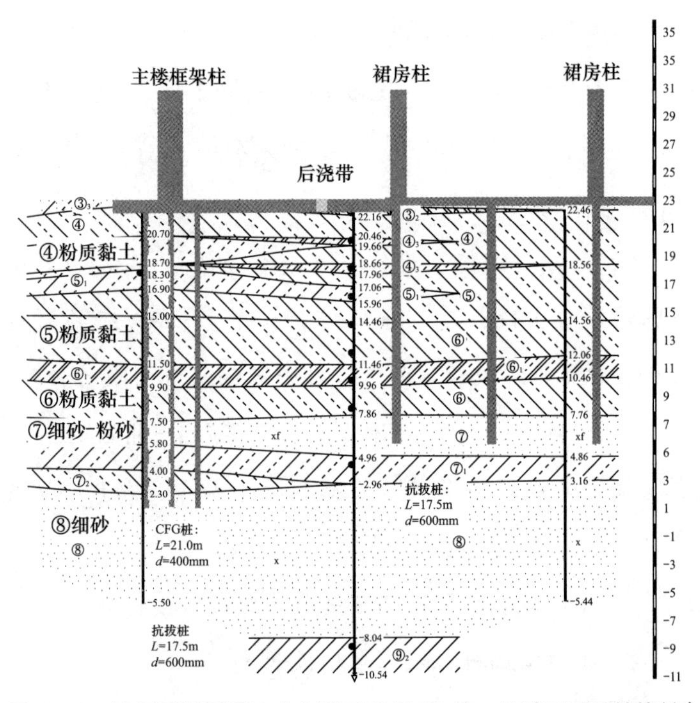

图4.14　某项目抗浮设计（主楼采用CFG桩，纯地下采用抗拔桩）

的差异变形。

跨中布置时，需要考虑基础底板刚度以及柱周边板的变形差异（可参考 10.8 节）。梁下或者柱下布置时，需要更多关注基础底板刚度是否能满足局部抗浮的需求。

不同抗浮荷载，对应不同抗浮锚杆平面布置，可参考第 10.3 节北京银行项目中锚杆平面布置。

第 5 章

锚固与连接设计

5.1 抗浮锚杆锚固与连接需设计哪些方面的内容？设计时有何注意事项？谁来设计？

答：为确保抗浮锚杆杆体有效连接和抗浮锚杆与基础底板有效锚固，需考虑的设计内容如表 5.1-1 所示。

不同抗浮锚杆类型锚固和连接设计内容 表 5.1-1

抗浮锚杆类型	锚固节点设计	杆体连接设计
非预应力锚杆	直锚、弯钩和机械锚固技术 冲切、局压及锚固板抗弯强度	筋体连接
预应力锚杆	冲切、局压及垫板抗弯强度	筋体连接 压力型锚杆：筋体与承载体连接、承载体抗弯强度

对表 5.1-1 具体说明如下。

1）各计算或取值依据：

表 5.1-1 中各项计算或取值依据汇总如表 5.1-2 所示。

锚固和连接设计计算或取值依据汇总表 表 5.1-2

计算或取值内容	规范或图集	对应条款
直锚、弯钩和机械锚固	【混规】 【钢锚规】	第 8.3.1 条～第 8.3.3 条 第 4.1.1 条、第 4.1.2 条
冲切	【混规】 【G815 图集】	第 6.5 节 “设计要点”第 9.5 条
局压	【混规】 【G815 图集】	第 6.6 节 “设计要点”第 9.6 条
锚固板和垫板抗弯强度	【深圳锚标】 【G815 图集】	附录 C “设计要点”第 9.7 条

2）筋体连接、筋体与承载体连接均应能承受锚杆极限抗拉承载力；

3）除修复外，钢绞线应为连续体，不得连接；

4）施工工艺应成熟可靠，尤其是对于压力型锚杆和扩大头抗浮锚杆，应确保锚杆杆体构造与其锚杆承载力配套，确保杆体力学性能及耐久性。

目前，抗浮锚杆由结构工程师承担设计的较多，但也有部分工程由岩土工程师承担设计。鉴于抗浮锚杆抗拔受力的复杂性，而岩土工程师在基坑支护、边坡支护等工程中，积累了较多设计和施工经验，因此单根抗浮锚杆由岩土工程师设计较为合适。同时，结构工程师对结构荷载分布、抗浮锚杆与基础底板连接等方面更为了解，这方面建议由结构工程师计算并设计，即使相关单位提供了设计方案，也建议结构工程师进行复核。当然了，结合岩土工程勘察报告相关设计参数及抗浮锚杆基本试验，结构工程师进行单根抗浮锚杆设计也是可以的。

5.2 什么情况下需要配置螺旋筋？

答：锚杆与基础连接构造如图 5.2 所示。为确保与非预应力锚杆锚固板或预应力锚杆垫板直接受压的基础底板不被压裂，需进行局部受压承载力计算。可按照【混规】式（6.6.1-1）进行计算，并根据锚固板和垫板的受力状态，对该计算公式进行细化，【G815 图集】关于锚固板和垫板的局部受压计算具体内容如下（详见【G815 图集】设计要点第 9.6 条）：

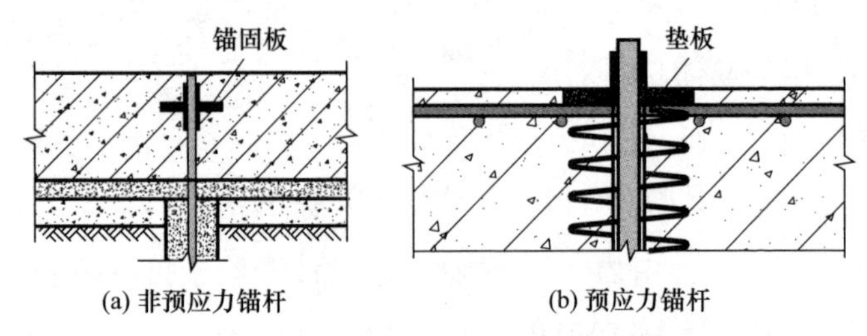

图 5.2 锚杆与基础连接构造示意图

板下混凝土不配置间接钢筋时，混凝土局部受压承载力可按下式计算：

$$N_{td} \leqslant 0.85\beta_l f_c A_{ln} \quad (9.6.1)$$

式中：N_{td}——抗浮锚杆上拔作用力设计值，本图集按 $1.35R_{ta}$ 取值；

β_l——混凝土局部受压时的强度提高系数，按现行国家标准《混凝土结构设计规范》GB 50010 计算取值；

f_c——混凝土轴心抗压强度设计值，按现行国家标准《混凝土结构设计规范》GB 50010 取用；

A_{ln}——混凝土局部受压面积，应扣除筋体或过渡管截面积。

如上述验算结果表明，其局部受压承载力不满足上式要求，则需考虑配置方格网式或螺旋式间接钢筋，其设计方法和计算公式详见【混规】6.6.3 条。

【G815 图集】第 35 页“锚固节点选用表”提供了不同规格的筋体材料对应的螺旋式间接钢筋相关设计参数。

5.3 锚固节点计算中，进行锚固强度的冲切、局压、锚板强度计算时，抗浮锚杆上拔作用力设计值取 1.35N_{tk} 是否合理？

答:【抗浮标】抗浮设防水位定义为：建筑工程在施工期和使用期内满足抗浮设防标准时可能遭遇的地下水最高水位，或建筑工程在施工期和使用期内满足抗浮设防标准最不利工况组合时地下结构底板底面上可能受到的最大浮力按静态折算的地下水水位。

根据该定义，可认为抗浮设防水位为设计使用年限内遇到的最高水位，根据该水位计算得到的水浮力是最大值。因此不建议将抗浮设防水位作用下的荷载作为活荷载使用，而应作为最大恒载使用。

因此，在锚固节点计算中，进行锚固强度的冲切、局压、锚板强度计算时，抗浮锚杆上拔作用力设计值 N_{td} 可根据【国标地规】第 3.0.6 第 4 款进行计算：

对由永久作用控制的基本组合，也可采用简化规则，基本组合的效应设计值 S_d 可按下式确定：

$$S_d = 1.35S_k$$

式中：S_k——标准组合的作用效应设计值。

即抗浮锚杆上拔作用力设计值 $N_{td}=1.35N_{tk}$，其中 N_{tk} 为所受轴向拉力标准值，依据本书第 4.7 节内容，$N_{tk}\leqslant 1.0R_{ta}$，故建议锚固节点计算时取 $N_{td}=1.35R_{ta}$。

基于上述分析，【G815 图集】“锚固节点选用表”（图 5.3）在计算结构构件承载力时都已经按设计值考虑了。

锚固节点选用表

筋体材料	规格	直径(mm)	筋体数量(根)	锚固节点编号	N_{tk}(kN)	螺母或锚具直径(mm)	垫板或锚固板		螺旋筋(Φ)				弯起钢筋直径d_2(Φ，mm)							
													锚固板或垫板下受冲切有效高度h_0(mm)							
							外直径D(mm)	厚度t(mm)	直径d_1(mm)	d_{cor}(mm)	间距s(mm)	圈数n(个)	250	300	350	400	450	500	550	600
预应力螺纹钢筋	PSB1080	18	1	M1-d_2	114	20.4	80	32	8	150	50	4	•	•	•	•	•	•	•	•
		25	1	M2-d_2	220	28.2	80	34	10	150	50	4	10	•	•	•	•	•	•	•
		32	1	M3-d_2	361	36.0	100	44	10	150	50	4	—	12	•	•	•	•	•	•
		36	1	M4-d_2	458	40.4	110	48	12	150	50	4	—	14	12	•	•	•	•	•
		40	1	M5-d_2	565	45.0	120	52	12	150	50	4	—	—	16	14	•	•	•	•
		50	1	M6-d_2	883	56.0	150	66	12	170	30	6	—	—	—	—	18	16	•	•
		18	1	M7-d_2	127	20.4	80	34	8	150	50	4	•	•	•	•	•	•	•	•

图 5.3 【G815 图集】“锚固节点选用表”截图

5.4 锚固节点设计中冲切计算应注意哪些事项?

答：抗浮锚杆锚固节点需进行冲切验算的情况有以下两种：非预应力抗浮锚杆设置了锚固板和在底板上施加预应力的预应力锚杆。锚杆冲切计算如图 5.4 所示。

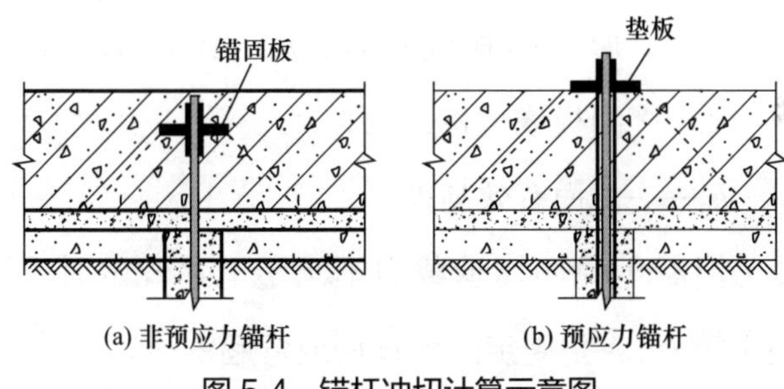

图 5.4　锚杆冲切计算示意图

抗浮锚杆锚固节点冲切验算方法按【混规】第 6.5.1 条相关规定和公式计算，结合抗浮锚杆特点，将该公式简化为以下公式和要求：

1）不配置箍筋或弯起钢筋底板的受冲切承载力应符合下列规定：

$$N_{td} \leqslant 0.7\beta_h f_t u_m h_0 \tag{5.4}$$

式中：N_{td}——抗浮锚杆上拔作用力设计值，【G815 图集】按 $1.35R_{ta}$ 取值；

β_h——截面高度影响系数，当板厚不大于 800mm

时，取β_h为1.0；当板厚不小于2000mm时，取β_h为0.9，其间按线性内插法取用；

f_t——混凝土轴心抗拉强度设计值；

u_m——计算截面的周长，取距离局部荷载或集中反力作用面积周边$h_0/2$处板垂直截面的最不利周长；圆形锚固板或垫板，$u_m=\pi(D+h_0)$，D为锚固板或垫板直径；正方形锚固板或垫板，$u_m=4(a+h_0)$，a为锚固板或垫板边长；

h_0——截面有效高度。

2）混凝土受冲切承载力不满足上述规定时，可按【混规】第6.5.3条规定配置箍筋或弯起钢筋。

除了上述冲切计算要求外，尚有以下注意事项：

1）为确保锚固板的有效性，锚固板下底板受冲切有效高度不应小于250mm，并应将锚固板伸至地下结构底板顶面主筋位置。

2）为满足受冲切承载力计算，不能无限制增加锚固板或垫板的平面尺寸，因为增加了平面尺寸，为保证满足强度要求，同时也得增加其厚度。

5.5 锚固板厚度应如何计算？

答：锚固板和垫板的厚度由其抗弯刚度确定，而抗弯刚度计算较为复杂，与锚杆上拔作用力设计值、锁定螺母直径及锚固板与垫板的平面形状、尺寸、开孔直径等均有关系。【815 图集】编制过程中，经多轮论证，锚固板和垫板抗弯强度计算公式参考了【深圳锚标】附录 C“锚固板强度验算方法”，具体公式如下：

$$1.1M/W \leqslant f \quad (5.5\text{-}1)$$

$$W=\pi r_1 t^2/3 \quad (5.5\text{-}2)$$

方形

$$M=[2\pi(a^3/24-a^2 r_1/8+r_1^3/6)+0.21a^2(0.55a-r_1)]N_{td}(a^2-\pi r^2) \quad (5.5\text{-}3)$$

圆形

$$M=2(R^3/3-R^2 r_1/2+r_1^3/6)N_{td}/(R^2-r^2) \quad (5.5\text{-}4)$$

式中：M——弯矩设计值；

W——截面受弯弹性抵抗矩；

f——钢材抗拉强度设计值，取值应依据现行国家标准《钢结构设计标准》GB 50017 的相关规定；

r_1——应力控制点半径，取值不宜大于锁定螺母或锚具与垫板实际接触面半径；

t——垫板或锚固板厚度；

a——方形垫板或锚固板的边长；

N_{td}——抗浮锚杆上拔作用力设计值，本书按 $1.35R_{ta}$

取值；

r——垫板或锚固板内半径；

R——圆形垫板或锚固板外半径。

与类似锚固项目相比，目前，根据该公式计算确定的锚固板或垫板板厚，尤其是【G815 图集】选用表中板厚偏大，具体原因有以下几点：

1）鉴于锚固板或垫板的尺寸、开孔孔径、锚具大小尚没有统一标准，且各参数取值差异性较大，故在选用表中部分计算参数取值偏于安全，其计算结果板厚偏大，建议设计人员根据工程实际情况和【G815 图集】设计要点第 9.7 条相关公式自行计算；

2）按相对较小的板厚进行设计，目前实际工程暴露的相关工程问题较少，可能是锚杆轴力尚未达到设计承载力，或者尚在分项系数和材料参数的安全储备范围内；

3）参照【钢锚规】厚度可取 1 倍钢筋直径，但规程应用的是热扎带肋钢筋，其材料强度比预应力螺纹钢筋低很多，该规定对预应力螺纹钢筋肯定是偏不安全的；

4）钢绞线成品配套锚固板较薄，但均有进行加肋处理（见图 5.5），加强了受弯承载力。

锚固板的尺寸和厚度计算相对复杂，相关规范也较为模糊，关于锚固板的相关计算与设计，除上述计算方法外，编者尚提供以下思路：

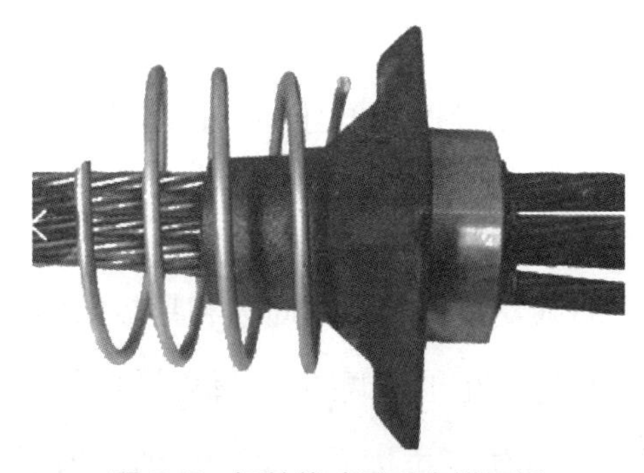

图 5.5　钢绞线成品配套锚固板

1）【钢锚规】第 3.1.2 条对锚固板进行了如下规定：

1 全锚固板承压面积不应小于锚固钢筋公称面积的 9 倍；

2 部分锚固板承压面积不应小于锚固钢筋公称面积的 4.5 倍；

3 锚固板厚度不应小于锚固钢筋公称直径；

4 当采用不等厚或长方形锚固板时，除应满足上述面积和厚度要求外，尚应通过省部级的产品鉴定；

5 采用部分锚固板锚固的钢筋公称直径不宜大于 40mm；当公称直径大于 40mm 的钢筋采用部分锚固板锚固时，应通过试验验证确定其设计参数。

2）建议进行锚固板产品相关试验，以试验结果为准，并提供验证钢筋锚固板锚固能力的产品定型鉴定报告。

5.6 锚固板和垫板平面尺寸应如何计算？

答：锚固板和垫板的平面尺寸由其冲切和局压控制，但平面尺寸的调整又影响到锚固板和垫板的厚度。因此，平面尺寸与厚度是互相协调的，具体计算过程如下：

1）结合抗浮锚杆抗拔承载力特征值、地下结构底板混凝土强度等级和厚度初步确定锚固板或垫板的平面尺寸和厚度；

2）对锚固板或垫板进行地下结构底板冲切计算，可按【G815 图集】“设计要点”第 9.5 条相关规定进行计算，如不满足该条规定时，可按【混规】第 6.5.3 条规定配置箍筋或弯起钢筋；

3）对锚固板或垫板进行混凝土局部受压承载力计算，可按【G815 图集】“设计要点”第 9.6 条规定进行计算，如不满足该条规定时，可按【混规】第 6.6.3 条规定配置方格网式或螺旋式间接钢筋；

4）对锚固板或垫板进行抗压强度验算，可按【G815 图集】“设计要点”第 9.7 条规定进行计算，如不满足该条规定时，可提高垫板厚度再进行验算；如无法提高厚度，则需减小锚固板或垫板的平面尺寸，并重新进行锚固板或垫板的冲切和混凝土局部受压承载力计算。

5.7 承载体设计时应考虑哪些问题?

答：当采用压力型锚杆时，应进行承载体的设计，其设计需要考虑以下因素：

1）承载体可采用高分子聚酯纤维增强塑料或金属制作，也可采用聚酯纤维与铁铸头组合体，均应具有与锚杆承载力相适应的力学性能；

2）筋体与承载体连接均应能承受锚杆极限受拉承载力；

3）根据【G815 图集】“设计要点”第 7.2 条进行浆体受压承载力验算，并确定承载体最小直径；

4）根据【G815 图集】“设计要点”第 9.7 条进行承载体抗弯强度验算，抗弯强度不满足该条要求时，可采取加肋、局部加厚等措施提高承载体抗弯能力。

5.8 封锚节点如何选择?

预应力锚杆的封锚，是抗浮锚杆设计和施工当中非常重要的一环，其直径影响抗浮锚杆的防水性能和耐久性。【G815 图集】第 48 页提供了“封锚节点详图”，分为凸式封锚和凹式封锚，并分别提供了两种构造方式（图 5.8），其中构造一为多根筋体的节点详图，构造二为

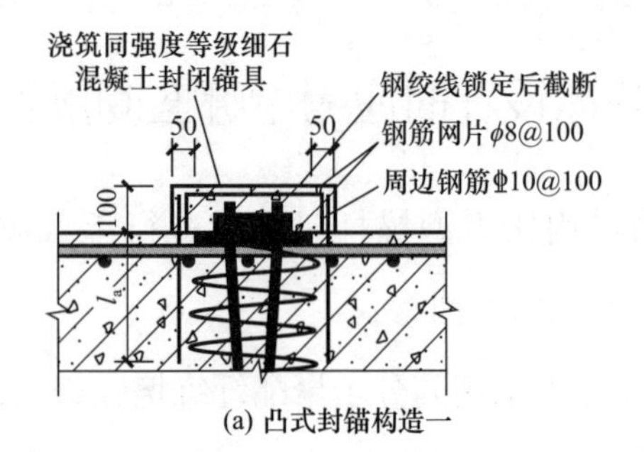

(a) 凸式封锚构造一

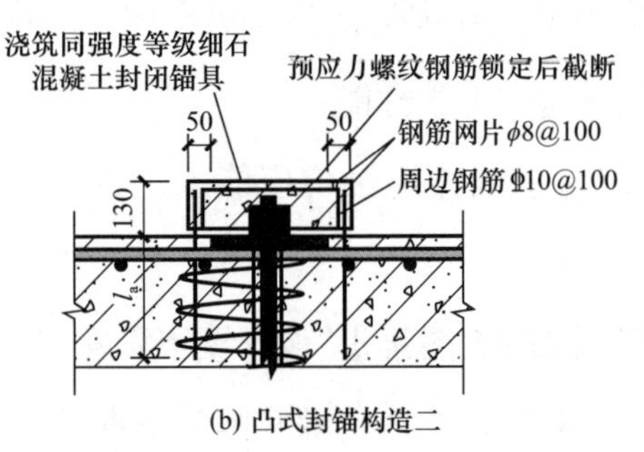

(b) 凸式封锚构造二

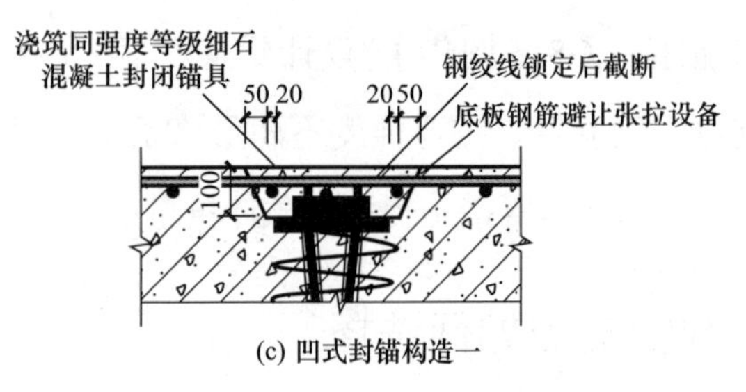

(c) 凹式封锚构造一

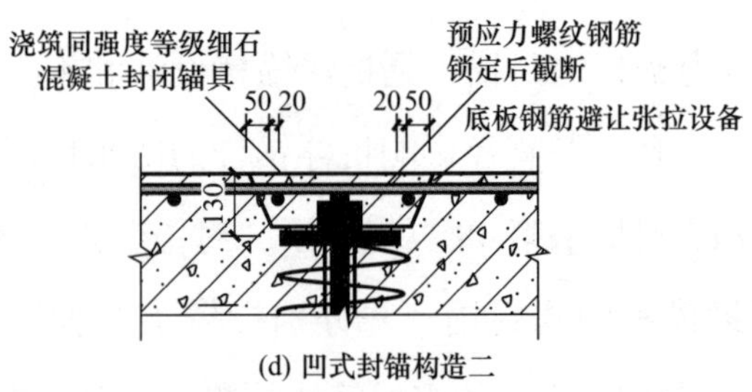

(d) 凹式封锚构造二

图 5.8　封锚构造示意图

单根筋体的节点详图。

凸式封锚构造，垫板可置于底板上铁之上，张拉施工易操作。采用凸式封锚构造的前提是，封锚高度应满足基础底板地面做法高度的要求，即封锚不影响建筑使用功能，如平板式基础或下返式梁板式基础的相对较厚的建筑地面做法高度、下返式梁板式基础在梁间布置抗浮锚杆等情况。在不满足上述条件下，可采用凹式封锚。

封锚以下注意事项：

1）锚具封闭前应将新旧混凝土界面凿毛、清理干净；

2）凹式封锚应考虑底板上铁间距预留空间，避让张拉设备。

5.9 非预应力锚杆与基础底板连接做法有什么注意事项？

答：非预应力锚杆与基础底板连接有三种做法：直锚、弯钩和机械锚固。根据【混规】第 8.3.1 条可确定受拉钢筋的锚固长度 l_a，当采用直锚时，其锚固长度不应小于 l_a 且不应小于 200mm。当基础底板厚度不满足 l_a 要求时，可采用弯钩和机械锚固，根据【混规】第 8.3.2 条及第 8.3.3 条，其锚固长度可适当折减，但不应小于 $0.6l_{ab}$。【G815 图集】第 49 页附录提供了全粘结锚杆采用弯钩、机械锚固措施时筋体平直段投影长度（$0.6l_{ab}$），如表 5.9 所示。

全粘结锚杆采用弯钩、机械锚固措施时筋体平直段投影长度（$0.6l_{ab}$，单位 mm）　　表 5.9

筋体材料	牌号或级别	地下结构底板混凝土强度等级	公称直径 d（mm）						
			18	20	22	25	28	32	36
热轧带肋钢筋	HRB400	C30	381	423	466	529	593	677	762
		C35	347	386	424	482	540	617	694
		C40	319	354	390	443	496	566	637
	HRB500	C30	460	512	563	639	716	818	920
		C35	419	466	513	582	652	745	838
		C40	385	428	471	535	599	684	770

根据相关要求，弯钩部分长度不应小于 $15d$，筋体平直段倾斜不大于 15° 或 1 : 6*。如图 5.9 所示。

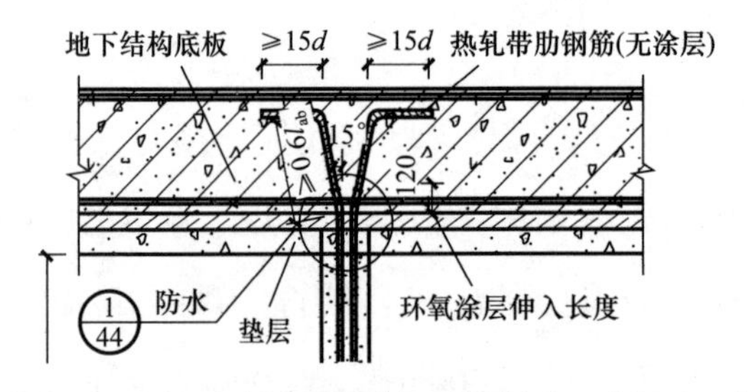

图 5.9　非预应力锚杆与底板连接做法示意图（一）

* 现场倾斜弯折时容易造成浆体破损，应采取适当保护措施。结合现场条件，提前加工弯折。

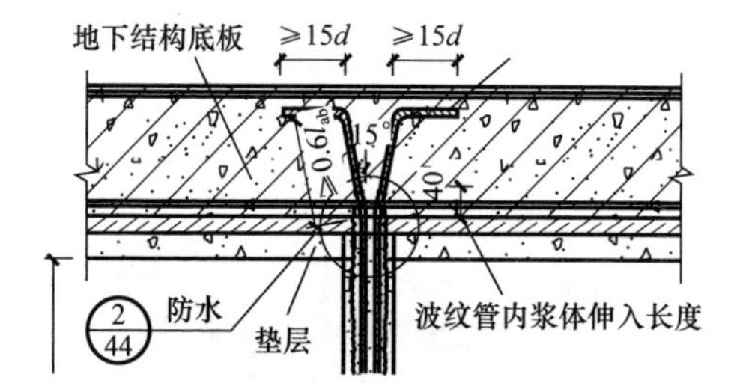

图 5.9　非预应力锚杆与底板连接做法示意图（二）

第6章

构 造 设 计

6.1 锚杆构造复杂程度各异，如何选取并保证工程安全?

答：抗浮锚杆构造做法和防水节点方案，直接关系到抗浮工程的有效性和耐久性，因此锚杆的构造选型极为重要，需从设计、工程管理、施工工艺等方面综合考虑，具体如下：

1）在岩土工程条件及其他外部条件允许的情况下，建议优先选择构造简单的锚杆类型，如可不选用预应力锚杆，那么就尽量选非预应力锚杆；

2）目前抗浮锚杆施工工艺五花八门，尤其是压力型、扩大头等较为复杂的锚杆类型，施工总承包单位选择抗浮锚杆专业施工分包队伍时，专业施工分包队伍施工能力也只是其考虑的众多因素之一，因此施工前的充分沟通十分有必要，设计与施工应互相了解各自需求和施工能力及具体做法，以确保实现设计目标；

3）在工程抗浮锚杆施工前，应先进行基本试验，检验施工工艺和施工能力，从基本试验中发现问题、解决问题，必要时，可进行多种锚杆类型比选；

4）基本试验检测加载方法一定要正确，严格按照相关规范和图集要求进行检测，确保检测结果真实有效，为后续设计和施工提供可靠保障；

5）建议基本试验与工程锚杆施工为同一家施工队伍，在保证工程质量的同时，方便查找问题，确保工程顺利实施；

6）鉴于抗浮锚杆施工工艺与防水构造有一定关系，因此抗浮锚杆施工前，项目相关方应充分沟通防水构造做法，确定防水构造做法或排除防水构造做法对施工工艺的影响后，方可进行工程锚杆施工。

6.2 增加浆体腐蚀裕量的措施如何应用和计算？

答：抗浮锚杆浆体应根据地下水和土对混凝土的腐蚀性介质和强度等级采取适当的保护措施和要求，【G815图集】“设计要点”第8.5条提供了抗浮锚杆浆体防护要求（表6.2）。

表6.2中 SO_4^{2-} 和pH值腐蚀等级为弱或中时，可采用增加浆体腐蚀裕量的保护措施。增加的该部分浆体腐

抗浮锚杆浆体防护要求　　表 6.2

<table>
<tr><th colspan="3">腐蚀性介质和强度等级</th><th colspan="2">保护措施和要求</th></tr>
<tr><td rowspan="4">SO_4^{2-}</td><td rowspan="2">SO_4^{2-} 含量 /（mg/L）</td><td>≤2500</td><td>P. MSR</td><td rowspan="2">采用抗硫酸盐水泥</td></tr>
<tr><td>≤8000</td><td>P. HSR</td></tr>
<tr><td rowspan="2">腐蚀等级</td><td>弱</td><td>≥20mm</td><td rowspan="2">增加浆体腐蚀裕量</td></tr>
<tr><td>中</td><td>≥40mm</td></tr>
<tr><td rowspan="2">pH 值</td><td rowspan="2">腐蚀等级</td><td>弱</td><td>≥20mm</td><td rowspan="2">增加浆体腐蚀裕量</td></tr>
<tr><td>中</td><td>≥40mm</td></tr>
<tr><td>Cl^-</td><td colspan="4">浆体掺入阻锈剂</td></tr>
</table>

注：1. P. MSR——中抗硫酸盐硅酸盐水泥，P. HSR——高抗硫酸盐硅酸盐水泥。

2. 氯化物环境下不宜使用抗硫酸盐硅酸盐水泥。

蚀裕量，仅作为保护层使用，设计中应注意以下两点：

1）在抗浮锚杆抗拔承载力计算中不应考虑其直径增加的有利作用，即在锚杆设计直径的基础上扣除保护层厚度；

2）抗浮锚杆基本试验和验收试验中，应考虑该部分的厚度对抗拔承载力的有利作用，即在试验检测确定的抗拔承载力特征值基础上，扣除增加浆体腐蚀裕量部分的粘结力。

6.3　防腐等级如何确定?

答：参考【抗浮标】第 7.5.9 条和附录 F 抗浮锚杆防腐设计相关规定，并结合【国标勘规】对地下水腐蚀性评价，根据抗浮锚杆类型特点，提出了抗浮锚杆最低防腐等级，具体见表 6.3-1。

抗浮锚杆最低防腐等级　　表 6.3-1

锚杆类型	腐蚀等级			
	微	弱	中	强
全长粘结型锚杆 拉力型预应力锚杆 全长粘结型扩体锚杆 拉力型预应力扩体锚杆	Ⅱ级	Ⅰ级	*	*
压力型预应力锚杆 压力分散型预应力锚杆 压力型预应力扩体锚杆	Ⅱ级	Ⅰ级	Ⅰ级	*

注：* 表示该腐蚀等级的防腐措施应通过专项技术研究和论证。

在确定抗浮锚杆类型、防腐等级和筋体材质后，可依据【G815 图集】第 36 页“抗浮锚杆构造节点索引”（表 6.3-2），确定锚杆构造和截面详图。

抗浮锚杆构造节点索引　　表 6.3-2

锚杆类型	防腐等级	主筋材质	锚杆构造编号	相关说明
全长粘结型锚杆	Ⅱ	热轧带肋钢筋（环氧涂层）	QM1	环氧涂层单层保护
		热轧带肋钢筋	QM2	波纹管单层保护
		预应力螺纹钢筋（环氧涂层）	QM3	环氧涂层单层保护

续表

锚杆类型	防腐等级	主筋材质	锚杆构造编号	相关说明
全长粘结型锚杆	Ⅱ	预应力螺纹钢筋	QM4	波纹管单层保护
	Ⅰ	预应力螺纹钢筋（环氧涂层）	QM5	环氧涂层＋波纹管双层保护
		热轧带肋钢筋（环氧涂层）	QM6	环氧涂层＋波纹管双层保护
拉力型预应力锚杆	Ⅱ	环氧涂层钢绞线	LM1	筋体粘结段：环氧涂层单层保护 筋体无粘结段：套管＋受压浆体双层保护
		预应力螺纹钢筋（环氧涂层）	LM2	筋体粘结段：环氧涂层单层保护 筋体无粘结段：套管＋受压浆体双层保护
	Ⅰ	环氧涂层钢绞线	LM3	筋体粘结段：环氧涂层＋波纹管双层保护 筋体无粘结段：套管＋受压浆体双层保护
		预应力螺纹钢筋（环氧涂层）	LM4	筋体粘结段：环氧涂层＋波纹管双层保护 筋体无粘结段：套管＋受压浆体双层保护
压力型预应力锚杆	Ⅰ	钢绞线	YM1	套管＋受压浆体双层保护
		预应力螺纹钢筋	YM2	套管＋受压浆体双层保护

6.4 防水节点如何选用?

答：防水节点是抗浮锚杆设计中的重中之重，尤其是预应力锚杆，其筋体直接穿过基础底板，极易形成渗透通道，从而造成地下室渗水漏水。

【抗浮标】第7.5.10条：抗浮锚杆与地下结构底板连接部位的防水等级不应低于相应地下结构防水等级，防水材料应与地下结构防水层可靠连接，并应符合表7.5.10（即本书表6.4-1）规定。

【抗浮标】抗浮锚杆与地下结构底板连接部位防水要求

表6.4-1

锚杆类型		全长粘结型锚杆	预应力锚杆
防水措施		1 遇水膨胀止水条或金属防水板； 2 水泥基渗透结晶型防水涂料	1 外保护套管并填充油脂或注浆； 2 遇水膨胀止水条； 3 底板顶补充防水或防渗措施
防水等级	一级	应选2道防水措施	应选2～3道防水措施
	二级	应选1～2道防水措施	应选2道防水措施
	三级	宜选1～2道防水措施	应选1～2道防水措施

依据上述规范要求，【G815图集】细化了防水节点，构造大样图见图集第44～47页，各大样介绍汇总见表6.4-2。

【G815图集】防水大样汇总　　表6.4-2

锚杆类型	防水构造编号	筋体数量	筋体防腐措施	防水措施
非预应力锚杆	①	多根	环氧树脂涂层	水泥基渗透结晶型防水涂料＋遇水膨胀密封条； 基底防水层采用防水橡胶套环

续表

锚杆类型	防水构造编号	筋体数量	筋体防腐措施	防水措施
非预应力锚杆	②	多根	波纹管	水泥基渗透结晶型防水涂料＋遇水膨胀密封条； 波纹管伸入基础底板
	③	单根	环氧树脂涂层	水泥基渗透结晶型防水涂料＋遇水膨胀密封条； 基底防水层采用防水橡胶套环
	④	单根	波纹管	水泥基渗透结晶型防水涂料＋遇水膨胀密封条； 波纹管伸入基础底板
预应力锚杆	⑤	多根	无粘结套管	水泥基渗透结晶型防水涂料＋遇水膨胀密封条； 基底防水层采用防水橡胶套环
	⑥	单根	无粘结套管	水泥基渗透结晶型防水涂料＋遇水膨胀密封条； 基底防水层采用防水橡胶套环
	⑦	多根	无粘结套管	过渡管，从锚具孔注浆和出浆
	⑧	单根	无粘结套管	过渡管，在过渡管上设置注浆孔和出浆孔

具体应用见【G815 图集】第 36 页“抗浮锚杆构造节点索引”，其中提请注意该表注 3：拉力型预应力锚杆、压力型预应力锚杆锚头做法也可选用过渡管连接，做法详见【G815 图集】第 47 页。

6.5 采用波纹管作为防腐措施时，注浆管如何设置？

答：波纹管主要用于防腐构造设计，其直径由以下因素确定：

1）筋体间净距不小于 10mm；

2）波纹管内径应能保证筋体的保护层厚度不小于 25mm；

3）波纹管壁厚宜为 2.5～3.0mm。

考虑上述因素后，尤其是采用多根筋体时，波纹管直径较大，波纹管外壁与孔壁间距较小（图 6.5），很难排布注浆管，故将注浆管布置在波纹管内，穿过杆体底部，并有效封堵，确保波纹管内外分别进行注浆。

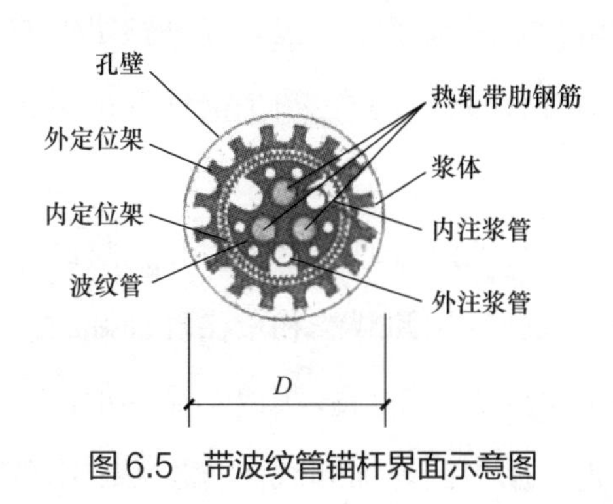

图 6.5　带波纹管锚杆界面示意图

第 7 章

试验与检验

7.1　抗浮锚杆试验有哪几种?

答：针对抗浮锚杆的试验包括测定抗拔力的基本试验和验收试验，以及测定预应力锚杆锁定值的持有荷载试验，其中持有荷载试验包括工前探究性试验和工后验收性试验。

其中，测定抗拔力的基本试验和验收试验有分级维持荷载法、多循环加卸载法和单循环加卸载法。建议基本试验时采用分级维持荷载法或多循环加卸载法，验收试验时优先采用多循环加卸载法，也可采用单循环加卸载法（主要从工期角度考虑）。根据工程实践，对于压力型预应力锚杆，筋体连接，以及筋体和承载体的连接也为可能的薄弱环节，而采用单循环试验难以检测。针对这类锚杆，建议验收时 50% 采用多循环加卸载法，50% 采用单循环加卸载法。

根据【锚检规】试验方法相关内容，绘制多循环加卸载法、单循环加卸载法和分级维持荷载法加载值－时间曲线如图 7.1 所示。试验方法及试验目的见表 7.1。

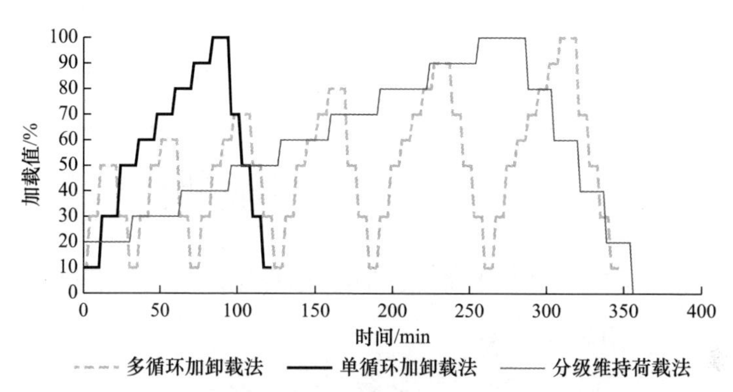

图 7.1　多循环加卸载法、单循环加卸载法和分级维持荷载法加载值-时间曲线对比

试验方法及试验目的　　　　表 7.1

试验类别		试验目的	试验方法
抗拔力测试	基本试验	确定锚杆的极限承载力，验证锚杆设计参数和施工工艺的合理性，为锚杆设计、施工提供依据	分级维持荷载法、多循环加卸载法和单循环加卸载法
	验收试验	验证工程锚杆抗拔力是否满足设计要求，为隐蔽工程验收提供依据	
预应力锚杆锁定值测试	锁定值试验	验证预应力锚杆的锁定荷载	持有荷载试验

锁定值试验可采用持有荷载试验。(【锚杆冶规】第 7.1.1 条条文说明：需要检查长期工作状态下锚杆预应力损失或实际受拉荷载，或需要检查施工后锚杆的实际锁定荷载时，应采用持有荷载试验，欧美标准认为这比安

装在锚杆或锚头位置的压力表、应力计等传感器测得的结果更为可靠。)

【G815图集】“试验与验收”第3.1节：预应力锚杆张拉前，应进行锁定值试验。锁定值验收检验锚杆的数量不应少于锚杆总数的5%，且不得少于6根；对有特殊要求的工程，应按设计要求的检验数量进行检验。

7.2 抗浮锚杆施工前是否需要进行基本试验？

答：鉴于岩土层条件的多变性，为了确定抗浮锚杆的极限承载力，验证锚杆设计参数和施工工艺的合理性，为锚杆设计、施工提供依据，抗浮锚杆施工图设计前应进行基本试验。基本试验中，锚杆的设计及施工参数，如设计承载力、杆体材料、锚固体截面尺寸、施工工艺、所处地层条件等应与拟建工程锚杆基本相同，为工程锚杆施工起到指导作用。

7.3 抗浮锚杆的基本试验数量如何取？

答：【抗浮标】第7.1.5条第1款：抗浮设计等级为甲级、水文地质条件比较复杂的乙级工程应由抗拔静载荷试验确定，同一地层试验数量不应少于3根。

【锚杆冶规】第 7.1.3 条：抗浮锚杆设计施工前应进行基本试验，同类型锚杆试验数量不应少于 3 根，有下列情况之一时不应少于 6 根：

1 新型锚杆或新工艺施工的锚杆；

2 锚固地层无相关应用经验。

【锚杆检规】第 3.2.4 条：锚杆基本试验的检测数量，永久性锚杆不应少于 6 根。

【锚喷规】第 12.1.7 条：锚杆基本试验的地层条件、锚杆杆体和参数、施工工艺应与工程锚杆相同，且试验数量不应少于 3 根。

综合以上规范相关规定，结合抗浮锚杆施工现状，针对抗浮锚杆基本试验数量，【G815 图集】“试验与验收”第 1.2 条中规定如下：

同类型抗浮锚杆基本试验数量不应少于 6 根；不同类型比较试验，每种类型不应少于 3 根。

不同标准规范及图集关于基本试验数量的相关规定汇总如表 7.3 所示。

不同标准规范及图集关于基本试验数量的规定汇总

表 7.3

标准规范及图集	关于基本试验数量的规定
【抗浮标】	≥3 根
【锚杆冶规】	≥3 根，特别情况≥6 根

续表

标准规范及图集	关于基本试验数量的规定
【锚杆检规】	≥6 根
【锚喷规】	≥3 根
【G815 图集】	≥6 根，对比试验时，每种类型≥3 根

7.4　抗浮锚杆基本试验应注意哪些事项?

答：1）基本试验应采用分级多循环试验方法，基本试验的加荷、持荷和卸荷模式应符合现行行业标准【锚杆检规】的有关规定。

2）在地面进行基本试验时，应考虑上覆土对抗浮锚杆的有利作用，避免过高估计抗浮锚杆抗拔极限承载力。

3）检测方法应合规。目前很多工程的锚杆检测方法沿用基坑支护锚杆的检测方式，见图 7.4。鉴于支护锚杆的特殊性，其反力装置作用于桩侧台座上，并由台座将反力传递到桩身，再由桩身将反力传递至周边土层，由于支护桩桩间净距大于锚杆直径，因此反力不直接作用在锚杆浆体上。而抗浮锚杆采用此方法时，极易将反力作用于浆体上，导致检测过程的拉力主要由筋体和浆体之间的握裹力承担，无法测得实际的浆体与土体之间的粘结力。因此，抗浮锚杆检测加载反力装置宜采用支座横梁方式，支座边与锚杆中心的距离，土层锚杆不应小于 2.0m，岩石锚杆不应小于 0.75m，以避免加载过程

“自己拔自己”，以及由于支座间距不够导致测得的岩土阻力大于实际发挥值的情况，误导了工程设计。

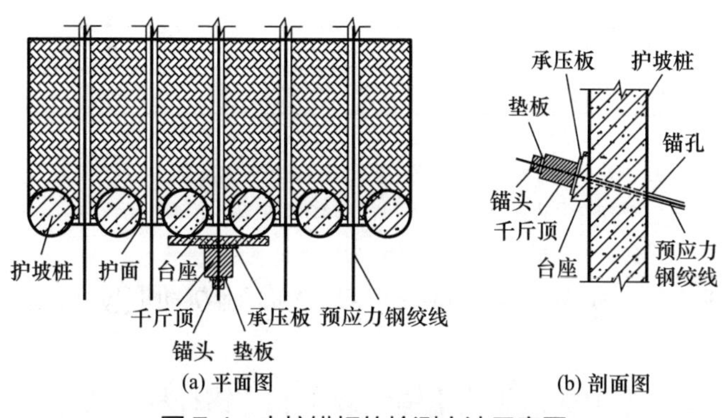

图 7.4　支护锚杆的检测方法示意图

【锚杆检规】第 4.2.8 条对锚杆检测相关距离也提出了要求，具体内容如下：

4.2.8　锚中心、支座边（承压板边）、基准桩中心之间的距离应符合表 4.2.8（即本书表 7.4）的规定。

【锚杆检规】表 4.2.8 锚杆中心、支座边（承压板边）、基准桩中心之间的距离　　表 7.4

反力装置类型	距离		
	两支座净距	基准桩中心与锚杆中心	基准桩中心与支座边（承压板边）
支座横梁反力装置	≥4B 且≥6d 且＞2.0m	＞2.0m	≥1.5B 且＞2.0m
支撑凳式反力装置	≥3d	＞1.0m	≥1B 且＞1.0m

续表

反力装置类型	距离		
	两支座净距	基准桩中心与锚杆中心	基准桩中心与支座边（承压板边）
承压板式反力装置	—	＞1.0m	≥1*B* 且＞1.0m

注：1. *B* 为支座边宽或承压板边宽；*d* 为锚杆（土钉）钻孔直径。

2. 当按本规程第 4.2.4 条第 4 款设置基准桩时，基准桩与锚杆距离、基准桩与反力装置的距离可不执行表 4.2.8 的规定。

7.5　单根锚杆极限承载力检测如何取值?

答:【国标地规】、【锚喷规】和【锚杆标协规】中关于锚杆抗拔极限承载力的取值规定如下：如达到了破坏标准，取破坏荷载的前一级荷载，否则取实际最大试验荷载。

对预应力锚杆，这一取值是合理的。对非预应力锚杆，在实际操作过程中会出现因未对锚头位移作规定，导致各试验单位取值标准不统一，故【G815 图集】“试验与验收”第 1.7 条规定建议如下：对于非预应力锚杆，极限抗拔承载力宜取“破坏荷载或锚头位移为 30mm 对应荷载的前一级荷载”。该规定与【锚杆冶规】中第 7.2.7 条一致。

7.6　抗浮锚杆极限承载力为何取试验结果的最小值?

答：根据试验结果确定承载力，目前有关规范规定如下文所述。

【桩检测规】第 4.4.3 条第 1 款：对参加算术平均的试验桩检测结果，当极差不超过平均值的 30% 时，可取其算术平均值为单桩竖向抗压极限承载力。

【地检测规】第 5.4.4 条：单位工程的复合地基承载力特征值确定时，试验点的数量不应少于 3 点，当其极差不超过平均值的 30% 时，可取其平均值为复合地基承载力特征值。

【锚喷规】第 12.1.13 条：每组锚杆极限承载力的最大差值不大于 30% 时，应取最小值作为锚杆的极限承载力，当最大差值大于 30% 时，应增加试验锚杆数量，按 95% 保证概率计算锚杆的受拉极限承载力。

若取算数平均值作为承载力特征值，将增大工程桩检测不够的风险。

基于此考虑，在编制【G815 图集】时规定，对参加统计的试验锚杆，当试验结果极差不超过平均值的 30% 时，可取最小值为该工程锚杆极限抗拔承载力标准值；当试验结果极差超过平均值的 30% 时，宜增加试验数量，并应分析极差过大的原因，结合施工工艺、地基土条件等工程具体情况综合确定（见图集“试验与验收”第 1.10 条）。如表 7.6 所示。

不同标准规范对极限承载力取值方法的规定 表 7.6

标准规范及图集	极限承载力取值方法（极差不超过平均值的 30% 时）	备注
【地检测规】	平均值	针对复合地基
【桩检测规】	平均值	针对桩基
【锚喷规】	最小值	针对锚杆
【G815 图集】	最小值	针对锚杆

7.7 验收试验数量应如何确定?

答:【抗浮标】第 9.1.5 条第 2 款：抗浮锚杆检验数量不应少于总数的 5% 且不少于 5 根。

【锚杆冶规】第 7.1.4 条：抗浮锚杆施工完成后应进行验收试验。非预应力锚杆检验数量不应少于锚杆总数的 5%，且同类型的锚杆不应少于 6 根；预应力锚杆验收方法和检验数量应符合《岩土锚杆与喷射混凝土支护工程技术规范》GB 50086 的相关规定。

【锚喷规】第 12.1.19 条：工程锚杆必须进行验收试验。其中占锚杆总量 5% 且不少于 3 根的锚杆应进行多循环张拉验收试验，占锚杆总量 95% 的锚杆应进行单循环张拉验收试验。

【锚喷规】第 12.1.20 条：锚杆多循环张拉验收试验应由业主委托第三方负责实施，锚杆单循环张拉验收试验可由工程施工单位在锚杆张拉过程中实施。

【锚杆检规】第 3.2.8 条：锚杆检测数量不应少于锚杆总数的 5%，且不应少于 5 根。

在基础底板施工前应进行抗浮锚杆的隐蔽验收工作。因此，在此之前应取得抗浮锚杆检验验收成果资料。从工程角度讲，应将验收与张拉先后顺序区分开来。因此，对于预应力锚杆，可与非预应力锚杆统一采用 5%，6 根的要求。锚杆一般工程量较大，当 120 根时，5% 即 6 根，较容易满足，所以建议统一采用 5%+6 根的要求。基坑支护在张拉过程中发现问题可以补锚杆，但抗浮锚杆在基础底板施工后无法进行直接补打锚杆工作。

综合以上规范相关规定，针对抗浮锚杆验收试验数量，【G815 图集】“试验与验收”第 2.8 条中规定如下：验收试验的锚杆数量不应少于每种类型锚杆总数的 5%，且不应少于 6 根。如表 7.7 所示。

不同标准规范对验收试验数量的规定　　表 7.7

标准规范及图集	验收数量
【抗浮标】	≥5%，且≥5 根
【锚杆冶规】	非预应力：≥5%，且≥6 根 预应力：同【锚喷规】
【锚喷规】	5%，且≥3 根：进行多循环张拉 95%：进行单循环张拉
【锚杆检规】	≥5%，且≥5 根
【G815 图集】	≥5%，且≥6 根

7.8 锚杆基本试验时为何要进行多循环加卸载试验?

答:【锚杆冶规】第 7.2.2 条条文说明部分内容如下:

地下水位受降雨影响而变化,在我国南方地区,地下结构承受的上浮力与地下水关联性尤为明显,实际的上浮荷载常常呈现为低频大变幅循环荷载。循环荷载作用下抗浮锚杆的长期承载效应常常被人所忽视。本规程通过多循环加卸载试验方法,尽量模拟抗浮锚杆的实际工作环境,以确定其承载力及变形刚度。

……非预应力锚杆基本试验施加多循环荷载,是为了能够更准确地模拟周期水浮力,以准确确定锚杆的极限抗拔力及了解锚杆在周期荷载作用下的变形特性。

……预应力锚杆采用循环法试验的主要目的是测定锚筋的塑性与弹性变形,用以判断锚筋的表观自由长度是否在设计预期之内,从而推断锚杆的自由段长度是否满足设计要求,为工程锚杆的验收提供对比依据。

图 7.8-1～图 7.8-3 分别为多循环加卸载法、单循环加载法和分级维持荷载法的时间与加载值的关系曲线图,可见,为模拟地下水水位浮动和测定预应力锚杆塑性与弹性变形,采用多循环加卸载法较为合适,其具体实施方法可参考【锚杆检规】第 5 章内容。

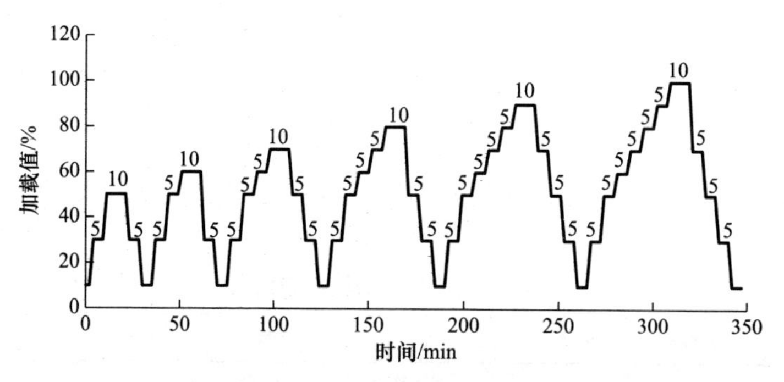

图 7.8-1 多循环加卸载法

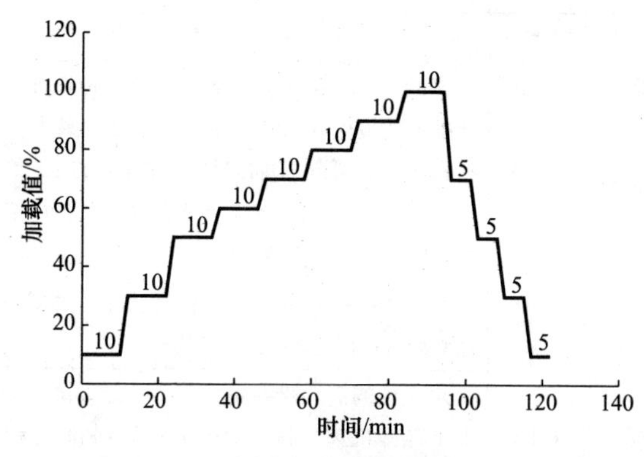

图 7.8-2 单循环加载法

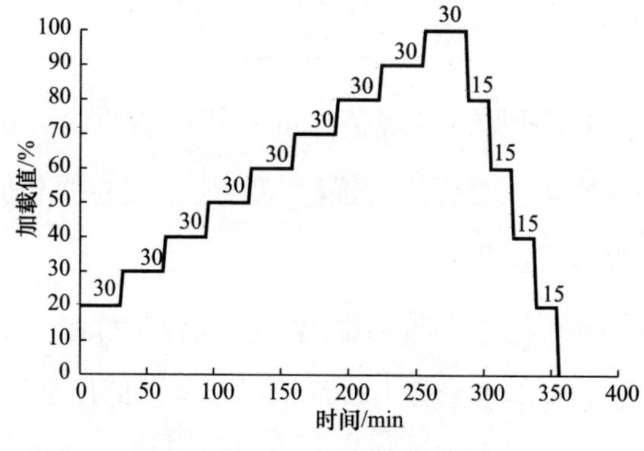

图 7.8-3 分级维持荷载法

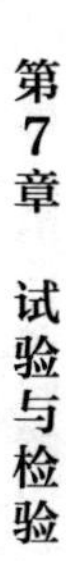

7.9 验收试验最大检测加载量如何确定?

答：关于验收试验最大加载量，各规范要求见表 7.9。

验收试验最大加载量要求汇总　　　　表 7.9

规范标准	条款	内容
【国标地规】	10.1.2	验收检验静载荷试验最大加载量不应小于承载力特征值的 2 倍
【锚喷规】	12.1.21	永久性锚杆应取锚杆拉力设计值的 1.2 倍
【抗浮标】	H.1.4	试验时最大的试验荷载不宜超过锚杆杆体承载力标准值的 0.9 倍，使用期抗浮锚杆的最大试验荷载不宜超过抗浮锚杆轴向拉力设计值的 1.5 倍，施工期抗浮锚杆的最大试验荷载不宜超过抗浮锚杆轴向拉力设计值的 1.2 倍
【锚杆冶规】	7.3.1 7.3.2	预应力锚杆和非预应力锚杆验收最大试验荷载应达到设计要求且不低于 $1.5N_k$
【扩锚规】	6.4.1	永久性的高压喷射扩大头锚杆最大试验荷载不应小于锚杆抗拔力特征值的 1.5 倍；临时性锚杆的最大试验荷载不应小于锚杆抗拔力特征值的 1.2 倍
【锚杆检规】	7.1.4	锚杆验收试验的最大试验荷载不应小于锚杆验收荷载

由表 7.9 可见，各规范标准对锚杆验收最大试验加载值要求各异，编者认为锚杆验收最大试验加载值的取值应考虑如下因素：

1)【国标地规】明确提出：验收检验静载荷试验最大加载量不应小于承载力特征值的 2 倍，即使是抗拔桩，也在 10.1.3 条中要求：抗拔桩的验收检验应采取工程桩裂缝宽度控制的措施。因此，条件允许的情况下，锚杆验收最大试验加载值不应小于承载力特征值的 2 倍。

2）原相关规范要求锚杆验收最大试验加载值不超过特征值（设计值）的 1.2 倍或 1.5 倍，主要原因是锚杆筋体配筋按安全系数 1.35 考虑的较多，其筋体配筋强度难以达到按 2 倍特征值检测的要求，但【抗浮标】第 7.5.6 条规定锚杆筋体抗拉安全系数取 2，已经具备按 2 倍特征值取验收最大试验加载值的前提条件，并可随机抽检。

基于上述分析，【G815 图集】“试验与验收”第 2.9 条中规定：验收检验最大加载量不应小于承载力特征值的 2 倍。

第 8 章

张拉与锁定

8.1 预应力锚杆的锁定时间如何把控?

答：预应力锚杆的锁定时间，主要由以下两方面确定：

1）强度要求：抗浮锚杆浆体强度达到 100% 强度，基础底板施工完成且强度达到 100%；

2）变形要求：地下室结构荷载施加到一定阶段，建筑物主要沉降已经完成。

即，一方面，当锚杆浆体或底板的强度不够时，张拉会破坏强度不够的构件，这也是目前大部分抗浮锚杆张拉锁定主要考虑的因素；另一方面，如果地基土条件较差且张拉锁定过早，在结构荷载上来后，建筑物将产生较大变形，当这部分变形与张拉变形相当时，会造成抗浮锚杆的预应力损失甚至消失，进而失去预应力锚杆的优势。

因此【G815 图集】“试验与验收”第 3.4 条规定：

预应力锚杆的锁定时间应由设计根据地层条件、结构荷载和地基基础变形完成情况综合确定，宜在施工至一定阶段后进行。即建议设计人根据地层条件、结构荷载和地基基础变形完成情况综合确定预应力锚杆的张拉与锁定。

8.2 超张拉荷载如何确定?

答：工程经验表明，锚杆的张拉力和锁定后的预应力都有损失，后者的损失更为显著，往往达不到设计要求的锁定值。对于变形控制严格的抗浮工程，存在较大安全隐患。

影响预应力损失的因素较多也很复杂，既有材料性能、锚具、张拉设备引起的损失，也与张拉环节细节处理、工人操作水平等有关。具体影响因素如下：

1）锚杆材料对预应力损失的影响。

2）锚具产生的预应力损失。依据厂家资料及产品说明，部分型号锚具钢绞线的回缩量达 6mm。

3）张拉系统引起的预应力损失。锚杆张拉系统包括油泵、油表、油管和千斤顶等部分。

4）群锚张拉的相互影响。

减少预应力损失的方法有：

1）通过超张拉，弥补预应力损失；

2）进行锚杆轴力监测，根据预应力损失量判断重新张拉的必要性，并为后续张拉提供依据。

因此，【G815 图集】“试验与验收”第 3.2 条中要求：张拉锚杆应随机抽取不小于总数的 10% 进行超张拉检验，超张拉荷载宜为设计锁定荷载与预计损失荷载之和，且不应小于设计值的 1.2 倍。该条中“设计值”为设计锁定荷载值。根据锁定值检测结果进一步调整和确定超张拉荷载，以满足设计锁定荷载值。

8.3 设计锁定荷载可以小于 R_{ta} 么？

答：设计锁定荷载直接确定了抗浮工程后续的结构上浮位移，尤其对于压力型锚杆，其筋体无粘结段较长，基本为锚杆总长度，在锚杆轴力作用下，锚杆变形量为（锚杆工作轴力 - 锁定荷载），可见，锁定荷载越大，其锁定后的工作上浮变形就越小。图 8.3 为 10m 锚杆长度的 PSB1080 Φ^T18、Φ^T25、Φ^T32、Φ^T40、Φ^T50 的筋体变形量（图中部分直径锚杆对应的抗浮锚杆抗拔承载力特征值小于 300kN，仅供参考），高强预应力钢筋在轴向拉力标准值 N_{tk} 下伸长率为 2.25mm/ 延米，10m 锚杆长度变形量为 22.5mm，15m 锚杆长度变形量为 33.75mm，其变形量还是很大的。上述变形尚未考虑抗浮锚杆浆体与土体间的变形，如考虑该变形，上浮变形会更大。因

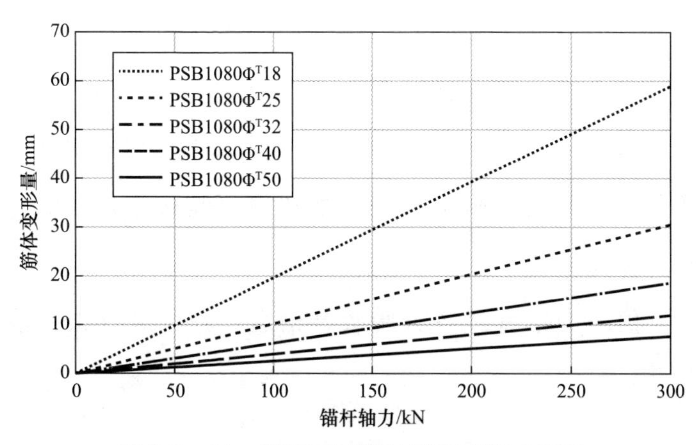

图 8.3　10m 锚杆不同筋体直径的筋体变形量

此应根据工程情况严格控制锁定荷载。

因此，抗浮锚杆图集【G815 图集】“试验与验收”第 3.3 条规定：预应力锚杆初始预应力值的确定应考虑地下结构底板变形控制要求，设计锁定荷载取值不宜小于 R_{ta} 的 1.0 倍。

但设计锁定荷载取值也不是绝对的，需根据具体工程特点来确定。如有些工程由于存在一定的冗余度，可以接受一定的上浮变形，那么此时可适当降低设计锁定荷载。

8.4　为确保工程进度，抗浮锚杆张拉段能否张拉后立即切割?

答：为确保预应力抗浮锚杆的有效性及变形控制，

抗浮锚杆张拉及封锚后，锁定后的锚杆轴力不宜小于 R_{ta}。因此，张拉并锁定后，不应立即切割张拉段，而应在锚杆张拉全程过程中进行锚杆轴力监测，以确保预应力损失不超过 10% 锁定值，如超过 10% 锁定值，应进行补张拉。

预应力锚杆经各方验收合格后，方可进行张拉段切割。

8.5 过渡段何时注浆？注浆时应注意哪些事项？

答：为确保过渡段的防水性能及耐久性，在抗浮锚杆验收合格后应及时对过渡段进行注浆。注浆时机的选取应注意以下几点：

1）不应在抗浮锚杆张拉锁定后立即进行过渡段的注浆。锚杆张拉锁定并不代表锚杆预应力达到设计锁定值，存在补张拉的可能，而注浆后就无法补张拉，因此需待抗浮锚杆验收合格后统一注浆。

2）应在封锚前进行过渡段的注浆。封锚后注浆将在过渡段内形成局部空间的全封闭，该区域无法达到注浆密实。

注浆时，应注意以下事项：

1）浆体应为微膨胀浆体，以确保注浆效果；

2）应从过渡管下部开始注浆，从下而上，确保注浆密实；

3）待出浆口冒浆时，方可停止注浆，并观察出浆口，如有液面降低情况，应补充注浆。

8.6 预应力抗浮锚杆开始起抗浮作用后，其杆顶轴力如何变化？

答：随着水位的变化，预应力抗浮锚杆轴力变化情况如下：预应力抗浮锚杆张拉并锁定后，当水位在基底以下时，地基土反力为结构竖向荷载引起的反力与预应力引起的反力之和；随着水位的上升，水浮力逐渐增大，地基土反力逐渐减小，但总值保持不变，在此过程中，预应力抗浮锚杆的轴力也基本保持不变；当水浮力增加到等于结构竖向荷载与锚杆锁定值之和时，地基土反力为零；此后随着水位的进一步提高，锚杆轴力将在锁定值的基础上，进一步增大。

第9章

算　　例

9.1　算例一：全长粘结型锚杆

9.1.1　设计条件

±0.000：绝对标高 46.80m

抗浮设防水位：绝对标高 40.00m（为静水压力，无稳定渗流及基础底板下承压水情况）

结构重要性系数 γ_0：建筑物主体结构重要性系数 γ_0 为 1.0，本计算案例取 1.0

抗浮设计等级：甲级

基础形式：平板式筏基 + 柱墩（上返）

抗浮方案：抗浮锚杆

轴距：9.0m × 9.0m

柱墩尺寸：长 4.0m，宽 4.0m，厚 1.0m

平板基础板厚：0.5m

平板基础上回填 0.5m 厚素土，回填土重度要求不低

于 16kN/m³

地面做法厚度：100mm

重度：钢筋混凝土重度 24kN/m³，地面做法重度 20kN/m³，地下室顶板以上覆土重度 17kN/m³

基础底板底标高：−14.60m（相对标高）

基础底板混凝土强度等级：C30

根据【G815 图集】“设计要点”第 3.2 条，抗浮设计等级为甲级时，使用期抗浮稳定安全系数 K_w 取 1.10。

基础平面布置图见图 9.1−1，建筑剖面图见图 9.1−2。

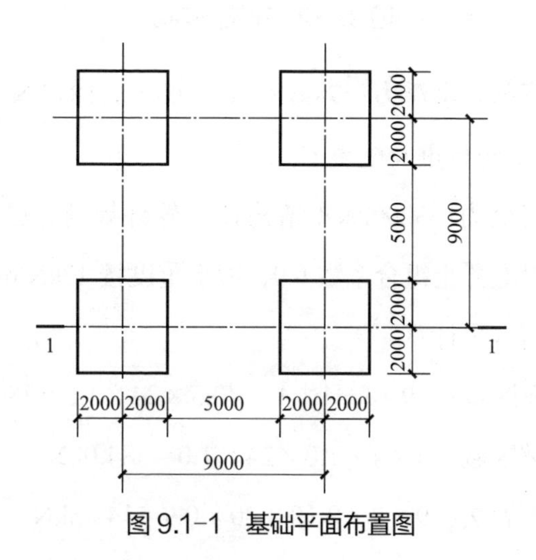

图 9.1−1　基础平面布置图

以每个轴网为计算单元：

1　浮力作用标准值 $N_{w,k}$

基底水浮力：[40.00 −(46.80−14.60)] × 10=78.0kN/m²

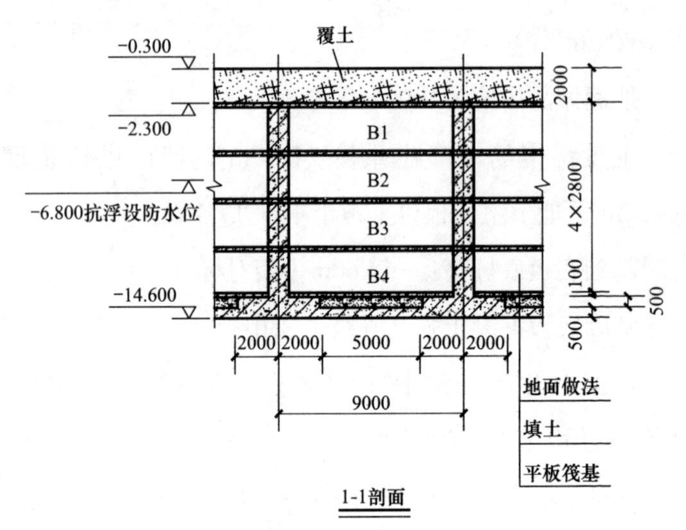

图 9.1-2　建筑剖面图

计算单元水浮力：78.0 × 9.0 × 9.0 = 6318.0kN

2　结构自重及配重 G_k

柱底反力：3200kN（结构计算软件导荷，已考虑结构顶板以上覆土组合系数 0.9，覆土重度按 17kN/m³ 计算）

基础自重计算：

平板区域：（9 × 9−4 × 4）× 0.5 × 24 × 1.0 = 780.0kN

柱墩区域：4 × 4 × 1.0 × 24 × 1.0 = 384.0kN

地面做法：9 × 9 × 0.10 × 20 × 0.9 = 145.8kN

配重：（9 × 9−4 × 4）× 0.5 × 16 × 0.9 = 468.0kN

基础自重及配重合计：

780.0 + 384.0 + 145.8 + 468.0 = 1777.8kN

结构自重及配重 G_k 合计为 3200 + 1777.8 = 4977.8kN

3　上浮荷载

上浮荷载为：6318 × 1.1−4977.8 = 1972.0kN

本算例中，腐蚀等级：微

地层参数见表 9.1。

地 层 参 数　　　表 9.1

岩性	厚度 l_i/m	锚固体与第 i 层土层间极限粘结强度标准值 f_{sik}/kPa
粉质黏土	1.0	60
粉砂	2.5	80
黏质粉土	3.5	70
粉质黏土	3.0	65

9.1.2　单根锚杆竖向抗拔承载力特征值 R_{ta} 取值

锚杆设计参数初步确定如下：

锚杆直径 D = 150mm；

锚杆总长度取 10.0m；

〈计算法〉

根据【G815 图集】“设计要点”式 6.1 和式 6.3 进行单根锚杆竖向抗拔承载力特征值 R_{ta} 计算，计算得：R_{ta} = 131.9kN。

〈查表法〉

查【G815 图集】第 27 页“土层抗拔承载力特征值估算表”，抗拔承载力特征值 R_{ta} 计算得：

$11.3 \times 1.0 + 15.0 \times 2.5 + 13.1 \times 3.5 + (11.3 + 13.1)/2 \times 3 = 131.2\text{kN}$

综合考虑，取 $R_{ta} = 125\text{kN}$。

9.1.3 杆体设计

采用热轧带肋钢筋，HRB400 钢筋，$f_y = 360\text{N/mm}^2$。

〈计算法〉

根据【G815 图集】“设计要点”式 7.1−1 进行锚杆筋体截面面积计算。

计算得 $2.0 \times 125 \times 10^3/360 = 694.4\text{mm}^2$，配置 2 根直径 22mm 钢筋，实际配筋面积 760.3mm^2。

〈查表法〉

查【G815 图集】第 31 页“抗浮锚杆筋体选用表”，抗拔承载力特征值为 125kN 时，HRB400 钢筋，2 根主筋直径 22mm，相应主筋轴心受拉控制抗拔承载力特征值为 136.8kN＞125kN，配筋满足强度要求。

9.1.4 筋体粘结段长度验算

〈计算法〉

根据【G815 图集】“设计要点”式（6.6）进行筋体粘结段长度验算，$n=2$，$d=0.022\text{m}$，ξ 取 0.70，f_{ms} 取 $0.9 \times 10^3\text{kPa}$，计算得：

$L_b = 2 \times 125 / (2 \times \pi \times 0.022 \times 0.70 \times 0.9 \times 10^3)$

$= 2.87\text{m} < 10.0\text{m}$，满足要求。

〈查表法〉

查【G815 图集】第 32 页“筋体粘结段长度计算表”，2 根 HRB400 钢筋，直径 22mm，粘结段长度 L_b 为 3.2m＜10.0m，满足要求。

9.1.5 锚杆平面布置设计

按正方形布置锚杆，锚杆间距为 $(125 \times 9.0 \times 9.0 / 1972.0)^{0.5} = 2.266\text{m}$，9.0m × 9.0m 轴网按 5 行 5 列布设，锚杆间距 9/4＝2.25m＜2.266m。锚杆平面布置图见图 9.1-3。

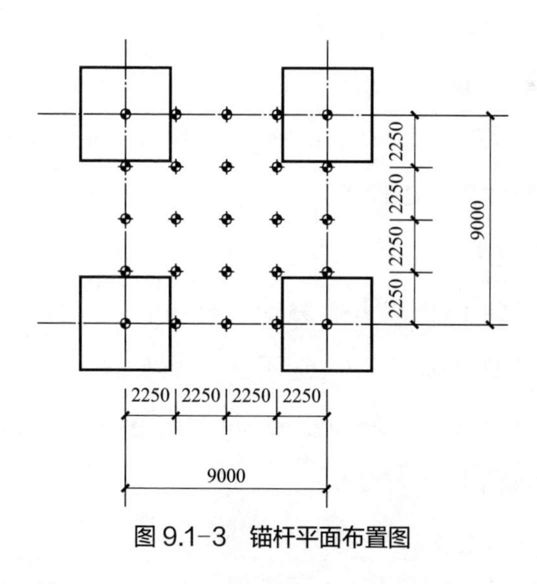

图 9.1-3 锚杆平面布置图

注：算例中的锚杆布置方式仅供参考。实际工程中，应考虑锚杆不同布置形式对于基础结构受力以及沉降控制的影响。

9.1.6　锚杆整体破坏验算

〈计算法〉

根据【G815 图集】“设计要点”式 6.7-1 进行群锚呈整体破坏时锚杆极限抗拔承载力标准值计算，φ 取 30°，γ'_k 取 11kN/m^3，按 9m×9m 轴网考虑，公式中其他各值如下：

$G_k=4977.8/16=311.1\text{kN}$

$N_{w,k}=78.0\times9.0\times9.0/16=394.9\text{kN}$

$a=2.25\text{m}$，$b=2.25\text{m}$，$L=10.0\text{m}$

计算得 $W_w=476.7\text{kN}$。

$(W_w+G_k)/N_{w,k}=(476.7+311.1)/394.9=1.99>1.1$

满足整体破坏验算。

〈查表法〉

查【G815 图集】第 33 页“整体破坏时单根锚杆对应的土体自重标准值 W_w 选用表”，锚杆总长度 10m，锚杆间距 2.25m，取锚杆间距 2.2m 对应整体破坏时岩土体自重标准值 $W_w=458\text{kN}$。

$G_k=4977.8/16=311.1\text{kN}$

$N_{w,k}=78.0\times9.0\times9.0/16=394.9\text{kN}$

$(W_w+G_k)/N_{w,k}=(458+311.1)/394.9=1.95>1.1$

满足整体破坏验算。

9.1.7 构造设计

根据腐蚀等级及【G815 图集】“设计要点”表 5“抗浮锚杆最低防腐等级”，采用Ⅱ级防腐构造措施。具体参考【G815 图集】第 37 页“构造节点编号(QM2)”。

9.1.8 锚固节点设计

〈计算法〉

根据【混规】第 8.3.1 条：

基本锚固长度 $l_{ab}=0.14\times360/1.43\times22=776\text{mm}$

（1）直锚

根据【混规】第 8.3.2 条，锚固长度修正系数 ζ_a 考虑以下因素：

纵向受力钢筋的实际配筋面积大于其设计计算面积时，修正系数取设计计算面积与实际配筋面积的比值：694.4/760.3＝0.913（为安全计，此处筋体计算面积按 $2R_{ta}$ 考虑）

锚固钢筋的保护层厚度不小于 $5d$，修正系数 ζ_a 取 0.7；

则 $\zeta_a=0.913\times0.7=0.639>0.6$，根据【混规】式（8.3.1-3），$\zeta_a$ 取 0.639；

受拉钢筋的锚固长度：

$l_a=\zeta_a l_{ab}=0.639\times776=496\text{mm}$

$500-75=425\text{mm}<496\text{mm}$（注：筋体与基础底板顶距离按 75mm 考虑，具体见图 9.1-4，其中上铁钢筋直径按 20mm 考虑）

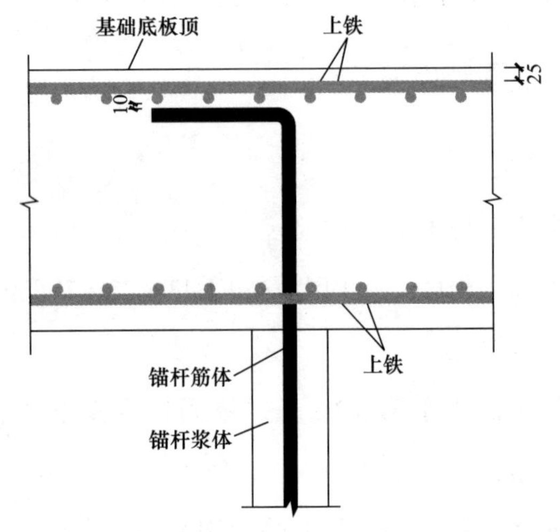

图 9.1-4　锚杆筋体与基础底板上铁关系图

直锚不可行。

（2）弯钩锚固

$0.6l_{ab}=0.6\times776=466\text{mm}$

$500-75=425<466\text{mm}$

弯钩锚固不可行。

（3）锚固板

采用圆形锚固板。

主筋为两根直径22mm钢筋，换算为一根钢筋，其直径为：$1.414 \times 22 = 31.1$mm，可根据主筋直径32mm进行相关计算。

锚固板参数初步设计如下：采用Q345钢材，直径80mm，厚度20mm。

① 地下结构底板冲切计算

根据【G815图集】“设计要点”第9.5条进行计算。

$h_0 = 500-40-50 = 410$mm（底板上铁保护层厚度按40mm考虑，下铁中心与基础底标高距离取50mm）

$u_m = \pi \times (D + h_0) = \pi \times (80 + 410) = 1539$mm

$0.7\beta_h f_t u_m h_0 = 0.7 \times 1.0 \times 1.43 \times 1539 \times 410 = 632$kN＞$1.35R_a = 169$kN

冲切满足要求。

② 混凝土局部受压承载力计算

$\beta_l = 3$（未考虑筋体直径的影响）

$0.85\beta_l f_c A_{ln} = 0.85 \times 3 \times 14.3 \times \pi \times (80^2-32^2)/4 =$ 154kN＜$1.35R_a = 169$kN

需加大锚固板直径，按90mm考虑，鉴于80mm可以满足地下结构底板冲切计算，故不再进行地下结构底板冲切计算，混凝土局部受压承载力计算结果如下：

$0.85\beta_l f_c A_{ln}=0.85\times3\times14.3\times\pi\times(90^2-32^2)/4=202\text{kN}>1.35R_a=169\text{kN}$

此时局部承压满足要求。

③ 抗弯强度验算

$r_1=32/2=16\text{mm}$，$t=20\text{mm}$，$r=32/2=16\text{mm}$，$R=90/2=45\text{mm}$

$$M=2(R^3/3-R^2r_1/2+r_1^3/6)N_{td}/(R^2-r^2)$$
$$=2\times(45^3/3-45^2\times16/2+16^3/6)\times1.35\times125/(45^2-16^2)=2.83\text{kN}\cdot\text{m}$$

$W=\pi r_1 t^2/3=\pi\times16\times20^2/3=6702\text{mm}^3$

$1.1M/W=1.1\times2.83\times10^6/6702=464.5>295\text{N/mm}^2$

提高锚固板厚度至 26mm，此时 $W=\pi r_1 t^2/3=\pi\times16\times26^2/3=11326\text{mm}^3$

$1.1M/W=1.1\times2.83\times10^6/11326=275.3<295\text{N/mm}^2$

满足规范要求。

9.2 算例二：压力型预应力锚杆

9.2.1 设计条件

腐蚀等级：弱

基础底板以下地层参数如表 9.2 所示。

基础底板以下地层参数　　表 9.2

岩性	厚度 l_i/m	锚固体与第 i 层土层间极限粘结强度标准值 f_{sik}/kPa
粉质黏土	2.0	60
粉砂	4.0	80
黏质粉土	5.0	70

其余设计条件同 9.1.1 节所述。

9.2.2　单根锚杆竖向抗拔承载力特征值 R_{ta} 取值

锚杆设计参数初步确定如下：

锚杆直径 $D=180$mm；

锚杆总长度取 11.0m；

查【G815 图集】第 28 页“土层锚杆抗拔承载力特征值估算表”，锚杆直径 180mm，抗拔承载力特征值 R_{ta} 计算得：

$13.6\times2+18.1\times4+15.8\times5=178.6$kN

综合考虑，取 $R_{ta}=170$kN。

9.2.3　杆体设计

采用预应力螺纹钢筋，PSB1080。

查【G815 图集】第 31 页表“抗浮锚杆筋体选用表”，1 根直径 25mm 预应力螺纹钢筋 PSB1080 对应的轴心拉力标准值 N_{tk} 为 220kN＞170kN，可取 1 根预应力螺纹钢筋 PSB1080，直径 25mm。

9.2.4 验算承载体

依据【G815 图集】“设计要点”第 2.11 条，套管壁厚取 2mm；套管外径取 35mm。承载体保护层厚度为 25mm，承载体直径 130mm，浆体强度侧限增大系数 η 取 1.5，查【G815 图集】第 34 页“压力型锚杆锚固体受压承载力计算表”，锚固体受压承载力为 185kN＞170kN，承载体直径满足相关要求。

9.2.5 锚杆平面布置设计

采用平板下布设、柱墩下不布设抗浮锚杆方案，抗浮锚杆数量计算值为：1972.0/170＝11.6 根，按图 9.2 布置，锚杆间距分别为 $a=9.0/4=2.25$m；$b=9.0/4=2.25$m，单元区域内锚杆布置数量为 13 根＞11.6 根，满足要求。

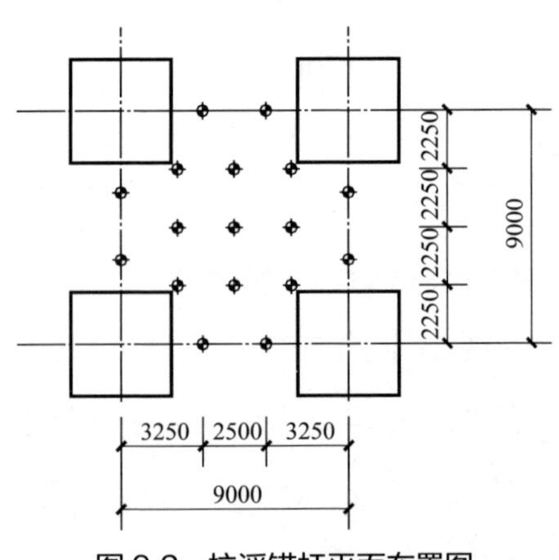

图 9.2　抗浮锚杆平面布置图

注：算例中的锚杆布置方式仅供参考。实际工程中，应考虑锚杆不同布置形式对于基础结构受力以及沉降控制的影响。

9.2.6　锚杆整体破坏验算

根据抗浮锚杆平面布置方案，$a=2.25\text{m}$，$b=2.25\text{m}$。查【G815 图集】第 33 页“整体破坏时单根锚杆对应的土体自重标准值 W_w 选用表”，锚杆总长度 11m，间距 2.2m，对应整体破坏时岩土体自重标准值 $W_w=511\text{kN}$。

$G_k=4977.8/13=382.9\text{kN}$

$N_{w,k}=78.0\times 9.0\times 9.0/13=486.0\text{kN}$

$(W_w+G_k)/N_{w,k}=(511+382.9)/486.0=1.84>1.1$

满足整体破坏验算。

9.2.7　锚固节点设计

基础底板混凝土强度等级 C30，板厚 500mm，$h_0=500-65-40=395\text{mm}$，主筋为 1 根预应力螺纹钢筋 PSB1080，直径 25mm，查【G815 图集】第 35 页“锚固节点选用表”，垫板直径 80mm，厚度 t 取 34mm，螺旋筋 Φ10，d_{cor} 为 150mm，间距 s 为 50mm，n 为 4 圈，不需配置弯起筋。

9.2.8 构造设计

查【G815 图集】“设计要点”表 5“抗浮锚杆最低防腐等级”，本工程腐蚀等级为弱，最低防腐等级为I级，选用压力型预应力锚杆，构造节点采用【G815 图集】第 42 页中编号㉒做法。封锚方案选用【G815 图集】第 48 页“封锚节点详图”④。

9.3 算例三：拉力型预应力扩大段（端）锚杆

9.3.1 设计条件

腐蚀等级：微

结构底板以下地层参数如表 9.3 所示。

基础底板以下地层参数　　表 9.3

岩性	厚度 l_i/m	锚固体与第 i 层土层间极限粘结强度标准值 f_{sik}/kPa
粉质黏土	2.0	60
粉砂	4.0	80
黏质粉土	5.0	70

其余设计条件同 9.1.1 节所述。

9.3.2 单根锚杆竖向抗拔承载力特征值 R_{ta} 取值

锚杆设计参数初步确定如下（各计算参数见【G815 图

集】第 19 页“拉力型预应力扩体锚杆选用说明”示意图）：

锚杆直径：$D_1=150\text{mm}$，$D_2=600\text{mm}$；

锚杆长度：$L_{D1}=6.0\text{m}$，$L_{D2}=2.5\text{m}$；

$L_u=4.0\text{m}$，$L_b=4.5\text{m}$；

注：本算例按有效锚固长度与锚杆总长度等同考虑。

扩体端前土体黏聚力 c 取 10kPa，有效内摩擦角 φ' 取 30°。

$K_0=1-\sin\varphi'=0.5$

$K_p=\tan^2(45+\varphi'/2)=3.0$

$K_a=\tan^2(45-\varphi'/2)=0.333$

取 $\zeta=0.90K_a$，则

$P_D=[(0.5-0.90\times0.333)\times3\times11\times6+2\times10\times3^{0.5}]/(1-0.9\times0.333\times3)=736.4\text{kPa}$

根据【G815 图集】“设计要点”式（6.4.1）计算得

$T_{uk}=\pi\times[0.60\times70\times2.5+(0.6^2-0.15^2)\times736.4/4]=524.8\text{kN}$

根据【G815 图集】“设计要点”式（6.1）计算得 $R_{ta}=262.4\text{kN}$。

取 $R_{ta}=250\text{kN}$。

9.3.3 杆体设计

采用预应力螺纹钢筋，PSB1080。

查【G815图集】第31页“抗浮锚杆筋体选用表”，1根直径32mm预应力螺纹钢筋PSB1080对应的轴向拉力标准值N_{tk}为361kN>250kN，可取1根预应力螺纹钢筋PSB1080，直径32mm。

9.3.4 构造设计

根据腐蚀等级及【G815图集】“设计要点”表5“抗浮锚杆最低防腐等级”，采用Ⅱ级防腐构造措施。

防腐防水构造采用【G815图集】第40页中编号(LM2)做法。

封锚方案选用【G815图集】第48页“封锚节点详图”②。

9.3.5 筋体粘结段长度验算

查【G815图集】第32页“筋体粘结段长度计算表”，1根预应力螺纹钢筋PSB1080，直径32mm，筋体粘结长度L_b为6.5m>4.5m，不满足要求。

根据R_{ta}进行筋体粘结段长度验算：

根据【G815图集】“设计要点”式（6.6），$n=1$，$d=32$mm，f_{ms}取$0.8\times1.4\times10^3=1.12\times10^3$kPa，计算得：

$$L_b=2\times250/(\pi\times0.032\times1.12\times10^3)=4.44\text{m}<4.5\text{m}$$

满足要求。

抗浮锚杆疑问解析

9.3.6　锚杆平面布置设计

采用平板下布设、柱墩下不布设抗浮锚杆方案，抗浮锚杆数量计算值为：1972.0/250＝7.9 根，按图 9.3 布置，单元区域内锚杆布置数量为 9 根＞7.9 根。

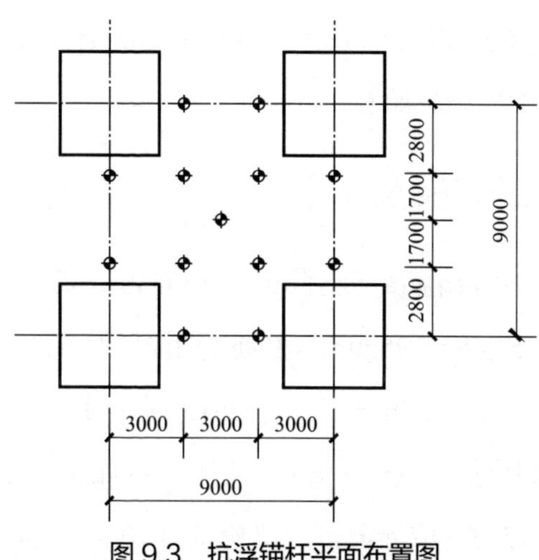

图 9.3　抗浮锚杆平面布置图

注：算例中的锚杆布置方式仅供参考。实际工程中，应考虑锚杆不同布置形式对于基础结构受力以及沉降控制的影响。

9.3.7　锚杆整体破坏验算

根据抗浮锚杆平面布置方案，其等效正方形布置边长（$9\times9/9$）$^{0.5}$＝3.0m。查【G815 图集】第 33 页表“整体破坏时单根锚杆对应的土体自重标准值 W_w 选用表”，锚杆总长度 8.5m，间距 2.6m，对应整体破坏时岩土体自重标准值 $W_w=(602+701)/2=651.5kN$。

$G_k=4977.8/10=497.8kN$

$N_{w,k}=78.0\times9.0\times9.0/10=631.8kN$

$(W_w+G_k)/N_{w,k}=(651.5+497.8)/631.8=1.82>1.1$

满足整体破坏验算。

9.3.8 锚固节点设计

基础底板混凝土强度等级 C30，板厚 500mm，$h_0=500-65-40=395mm$，主筋为 1 根预应力螺纹钢筋 PSB1080，直径 32mm，查【G815 图集】第 35 页“锚固节点选用表”，选用 M3，设计参数如下：垫板直径 100mm，厚度 t 取 44mm，螺旋筋 Φ10，d_{cor} 为 150mm，间距 s 为 50mm，n 为 4 圈，不需配置弯起筋。

9.4 算例四：岩石锚杆

9.4.1 设计条件

平板基础板厚：550mm

腐蚀等级：弱

基底为中风化砂岩，岩体基本质量等级为Ⅲ级。该岩层锚固体与岩层间极限粘结强度标准值为450kPa，饱和单轴抗压强度标准值为16MPa。

其余项目条件同9.1.1节所述，其中抗浮荷载不再重新计算，采用9.1.1计算结果。

9.4.2 单根锚杆竖向抗拔承载力特征值 R_{ta} 取值

采用全长粘结型锚杆，设计参数初步确定如下：

锚杆直径 $D=130$mm；

锚杆总长度取4.0m；

查【G815图集】第22页“岩层锚杆抗拔承载力特征值估算表”，抗拔承载力特征值 R_{ta} 查表为：294kN，综合考虑，取 $R_{ta}=270$kN。

9.4.3 杆体设计

杆体采用热轧带肋钢筋，HRB 400。

查【G815图集】第31页表“抗浮锚杆筋体选用表”，抗拔承载力特征值取270kN时可取4 ⌀22。

9.4.4 构造设计

根据腐蚀等级及【G815图集】“设计要点”表5“抗浮锚杆最低防腐等级”，采用Ⅱ级防腐构造措施。防腐防水构造采用【G815图集】第37页中编号(QM1)。

9.4.5 筋体粘结长度验算

查【G815 图集】第 32 页"筋体粘结段长度计算表"，4⏀22 筋体粘结段长度 L_b 为 4.0m，满足要求。

9.4.6 锚杆平面布置设计

采用平板下布设、柱墩下不布设抗浮锚杆方案，抗浮锚杆数量计算值为：间距为 1972.0/270＝7.30 根，按图 9.4 布置，锚杆间距分别为 a＝9.0/5＝1.8m；b＝9.0/5＝1.8m，单元区域内锚杆布置数量为 9 根＞7.30 根。

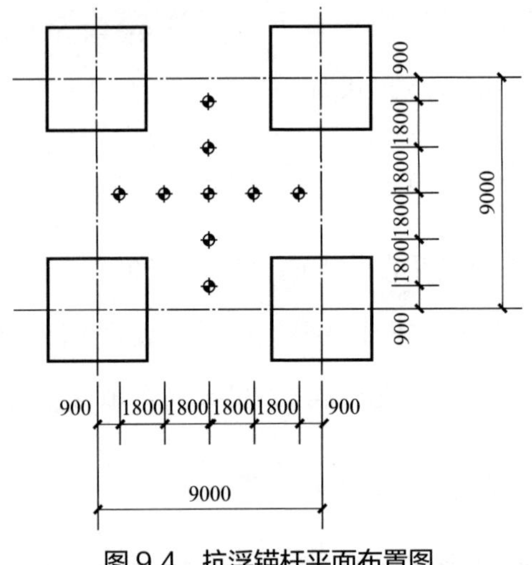

图 9.4　抗浮锚杆平面布置图

注：算例中的锚杆布置方式仅供参考。实际工程中，应考虑锚杆不同布置形式对于基础结构受力以及沉降控

制的影响。

9.4.7 锚杆整体破坏验算

根据抗浮锚杆平面布置方案，$a=b=1.80$m。

本工程中风化砂岩饱和单轴抗压强度标准值为39.3MPa，按《工程地质手册》(第五版)提供的相关岩石的抗拉强度与抗压强度之间的经验关系，砂岩的抗拉强度与抗压强度比值为0.029，则锥体破裂面岩土体平均极限抗拉强度标准值为$f_{tk}=16\times0.029=0.464$MPa，单根锚杆圆锥体破裂面上的岩土体极限抗拉承载力标准值$R_{mc}=abf_{tk}=1.8\times1.8\times0.464\times1000=1503$kN

$N_{w,k}=78.0\times9.0\times9.0/10=631.8$kN

$R_{mc}/2/N_{w,k}=1503/2/631.8=1.19>1.1$

满足整体破坏验算。

9.4.8 锚固节点设计

采用弯钩锚固方案，查【G815图集】第49页“全粘结锚杆采用弯钩、机械锚固措施时筋体平直段投影长度”，基础底板混凝土强度等级C30，主筋为直径22mm热轧带肋钢筋的筋体平直段投影长度为466mm<(550-40)=510mm，满足要求。

第 10 章

工 程 实 例

10.1 北京月坛金融中心

【提要】该工程属于典型的大底盘多塔式建筑，基于差异沉降控制进行地基基础设计。岩土工程师配合结构工程师进行了地基基础协同作用分析，本项目抗浮锚杆布置时，在满足抗浮稳定的前提下，兼顾主裙楼沉降控制，进而优化抗浮锚杆设计方案。

10.1.1 工程概况

月坛金融中心工程（图 10.1-1）位于北京市西城区金融街西城区月坛地块，南礼士路月坛公园东。项目由 5 栋塔楼（1～5 号楼），1 栋体育训练馆（6 号楼）及商业裙房组成（详见图 10.1-2 及表 10.1-1）。整个建筑地下部分连成一体，主要功能为商业配套、车库及其他服务设施等，共 5 层，基底埋深约 27m，置于同一筏形基础上。本项目抗浮设防水位绝对标高 40.00m，基底水头约 21m。高层塔楼与低层裙房、高层塔楼与纯地下车库之间荷载差异大。高层塔楼采用天然地基，纯地下室区域采用配重 + 抗浮锚杆作为抗浮措施。

图 10.1-1　建筑效果图

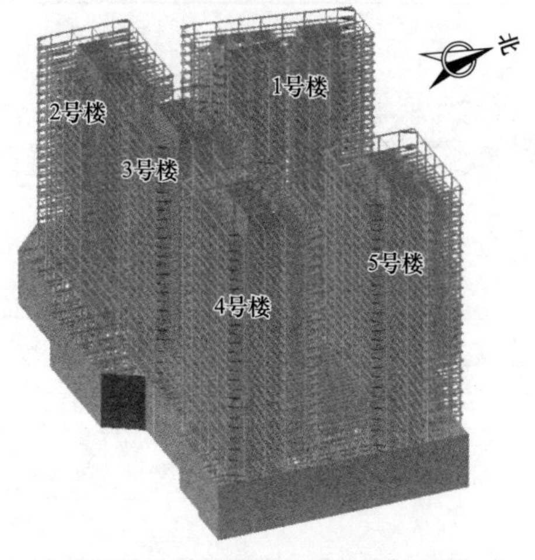

图 10.1-2　建筑三维立体示意图

各楼座设计信息　　　　表 10.1-1

楼号	地上层数	地下层数	建筑结构高度 /m	结构形式	基础形式
1 号楼	18	5	78.85	混合结构	筏板
2 号楼	20	5	87.55	混合结构	筏板
3～5 号楼	23	5	99.90	混合结构	筏板
6 号楼	1	5	15.00	框剪结构	筏板
商业裙房及地下车库	4/0	5	21.00/0	框剪结构	筏板

项目场地基底以下地层及抗浮锚杆设计条件详见图 10.1-3 及表 10.1-2。

土体与锚固体间粘结强度特征值　表 10.1-2

层数	土层编号	岩性	厚度 l_{ai}/m	注浆体与土层间的粘结强度特征值 f_{rbi}/kPa
1	⑤	粉质黏土	3.65	35
2	⑥	卵石	6.35	150

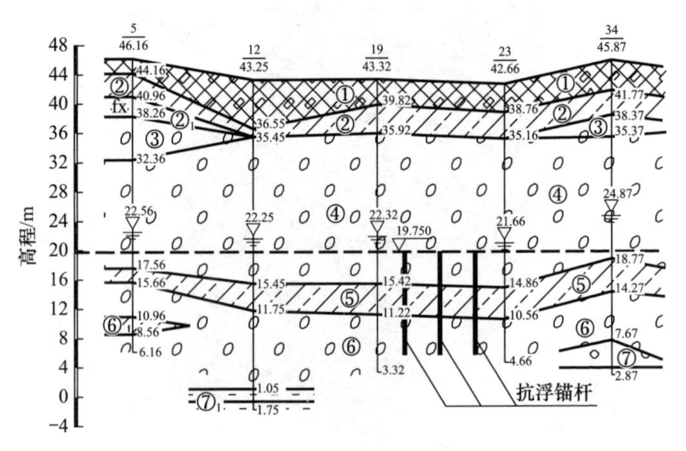

图 10.1-3　典型地质剖面及与基底关系

10.1.2 抗浮设计

根据勘察报告，抗浮设防水位绝对标高 40.00m，与本项目基底标高相差达 21m，浮力作用值远大于 5 层地下室结构及基础底板的自重。基础形式采用梁板式筏形基础，采取配重 + 抗浮锚杆的抗浮方案。其中，配重为基础底板以上房心回填干重度为 28kN/m^3 的钢渣混凝土，见图 10.1-4。

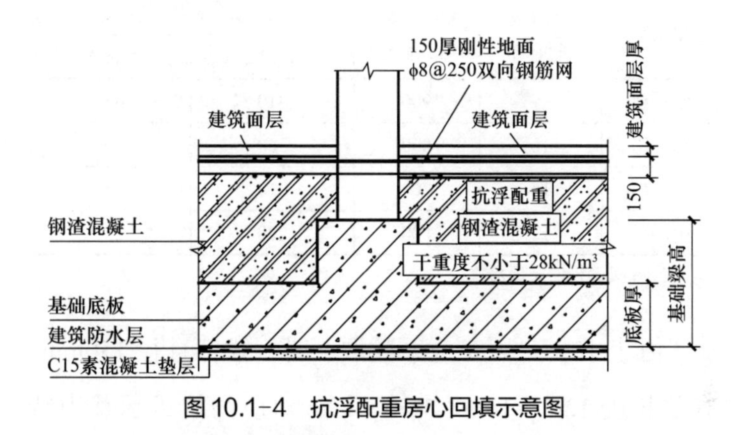

图 10.1-4 抗浮配重房心回填示意图

10.1.3 锚杆基本试验

本工程采用的抗浮锚杆是全长粘结型锚杆。为确定抗浮锚杆抗拔承载力，进行了抗拔静载荷试验。试验共布置了四组不同长度的抗浮锚杆，锚杆直径 150mm，锚杆有效长度分别为 12m、14m、16m、19m，每组 3 根，共 12 根，配筋为 3 ф 32。

注浆体采用素水泥浆，水灰比0.5，水泥标号PO42.5，注浆体设计强度为30MPa。第一次注浆压力为0.4～1MPa，第二次注浆在第一次注浆初凝之后、终凝之前，或在第一次灌浆强度达到5MPa时进行，第二次注浆水泥浆宜掺入适量膨胀剂。采用多循环加卸载法的抗拔静载荷试验，试验结果见表10.1-3。

抗浮锚杆抗拔静载荷试验试验结果　表10.1-3

组编号	锚杆有效长度/m	抗拔极限承载力/kN	抗拔承载力特征值/kN	
			$K=2.2$	$K=2$
第一组	19	900	410	450
第二组	16	800	360	400
第三组	14	700	310	350
第四组	12	500	220	250

注：K为锚杆的安全系数。

由表10.1-3，安全系数取2时，锚杆直径150mm，有效长度12m、14m、16m、19m对应的抗拔承载力特征值分别为250kN、350kN、400kN和450kN。

根据上述试验结果，并结合抗浮荷载需求，抗浮设计中采用锚杆直径150mm，长度14m，锚杆竖向抗拔承载力特征值取350kN，主筋为3⌀32。

10.1.4　锚杆平面设计

本项目抗浮锚杆布置时，在满足抗浮稳定的前提下，兼顾主裙楼沉降控制。岩土工程师配合结构工程师进行了地基基础协同作用分析，考虑到基础底板刚度（筏板厚度 1000mm）和地基刚度，充分利用了主楼基底压力扩散作用，在距离主楼框架柱一跨的位置开始布置抗浮锚杆，布设思路采用以柱下集中布置为主，需要时进行梁下布置。

根据上部结构恒载、房心回填配重和基础底板自重，计算单跨所需抗浮锚杆的数量。以 2 号楼和 3 号楼之间纯地下区域为例，抗浮锚杆布置如图 10.1-5 所示。

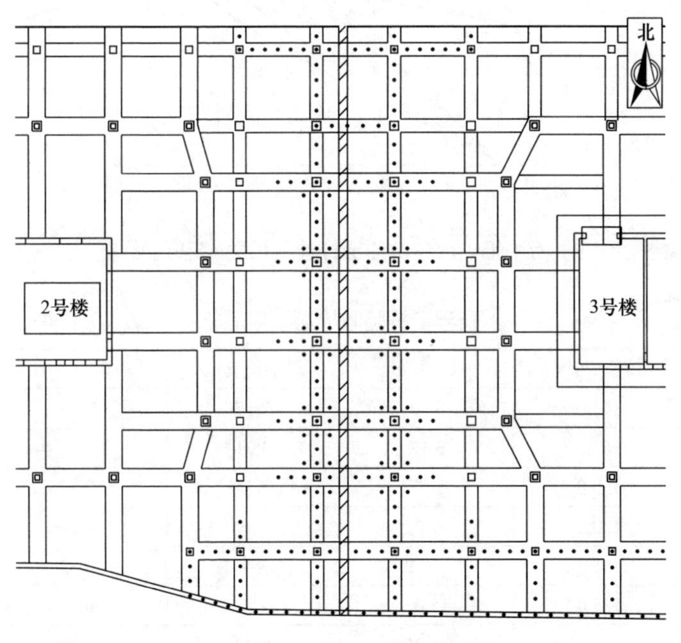

图 10.1-5　2 号楼和 3 号楼之间抗浮锚杆的布置

10.1.5　锚杆工程验收

抗浮锚杆施工完成后，共进行了 74 根抗浮锚杆的验收检测，其中部分锚杆荷载–变形曲线见图 10.1–6，检测结果汇总见表 10.1–4。根据【国标地规】，抗浮锚杆检测结果均满足设计要求。

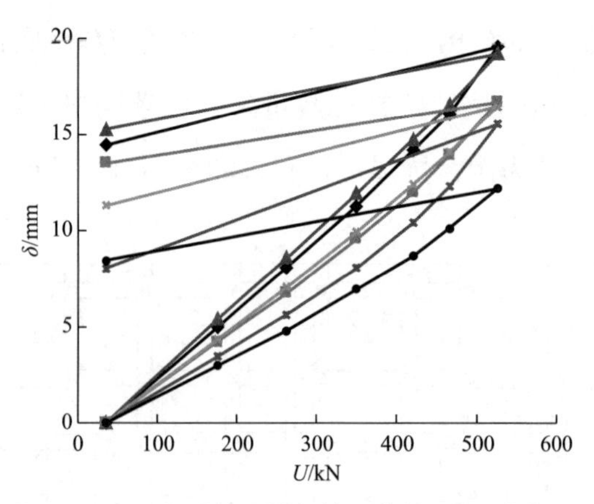

图 10.1–6　部分抗浮锚杆检测荷载–变形曲线图

抗浮锚杆验收检测结果汇总　　表 10.1–4

荷载 P/kN	平均值 /mm	最小值 /mm	最大值 /mm
175.0	3.77	2.17	5.67
262.5	6.17	3.71	9.1
350.0	8.77	5.34	12.57
420.0	11.05	6.79	15.48
465.5	12.79	7.87	17.32
525.0	15.42	9.52	20.13
35.0	11.21	6.92	16.02
回弹率 /%	27.4	48.42	16.8

10.2 吉安文化艺术中心大剧院

【提要】岩土工程师根据场地地质全貌与勘察成果资料复核抗浮设防水位取值，并与结构工程师合作完成抗浮设计，抗浮锚杆采取了非均匀布置的设计方案，即在中心跨的锚杆间距采用 1.5m×1.2m、周边锚杆的间距过渡为 1.5m×1.5m，疏密有别的设计思路可资借鉴。

10.2.1 工程概况

本工程 ±0.00 标高 53.95m，基础底板底标高 −12.00m，抗浮设防水位为 50.00m，基底标高位于抗浮设防水位以下 8.05m。基底以下地层如表 10.2 所示。

土体与锚固体间粘结强度及层厚　　表 10.2

层数	土层编号	岩性	厚度 L_{ai}/m	粘结强度标准值 f_{mgi}/kPa
1	⑤	圆砾	2.6	50
2	⑥	残积粉质黏土	1.5	38.5
3	$⑦_1$	强风化粉砂岩	2.5	42.5
4	$⑦_2$	中风化粉砂岩	2.9	150

10.2.2 抗浮设计

本项目抗浮荷载约 55kN/m²，采用全长粘结型锚杆作为抗浮构件。抗浮锚杆直径 D=127mm，长度 L=9.5m，综合考虑单锚抗拔承载力特征值 R_{ta}=125kN。

10.2.3 锚杆平面设计

根据项目荷载特点，抗浮锚杆采用非均匀布置，即在中心跨采用 1.5m × 1.2m 间距，布置相对较密，周边锚杆间距过渡变化为 1.5m × 1.5m，布置相对较疏，整体呈现中间密、周边疏的非均匀布置形式。抗浮锚杆平面布置图见图 10.2-1。

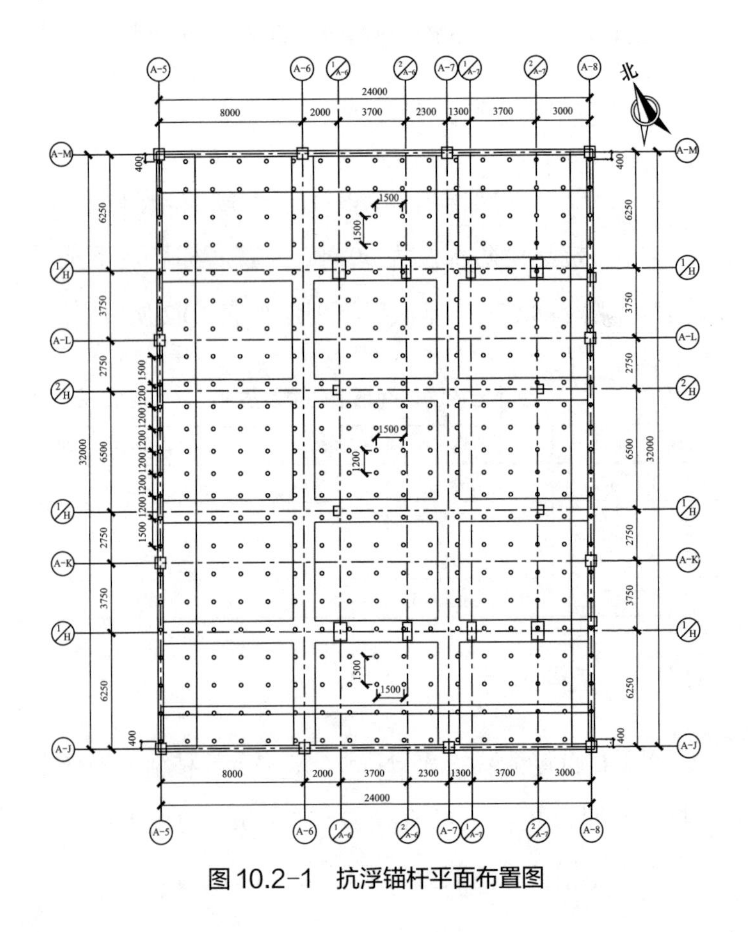

图 10.2-1 抗浮锚杆平面布置图

10.2.4 锚杆工程验收

本项目共进行了 20 根工程锚杆的检测，检测结果见图 10.2-2，均满足规范和验收要求。

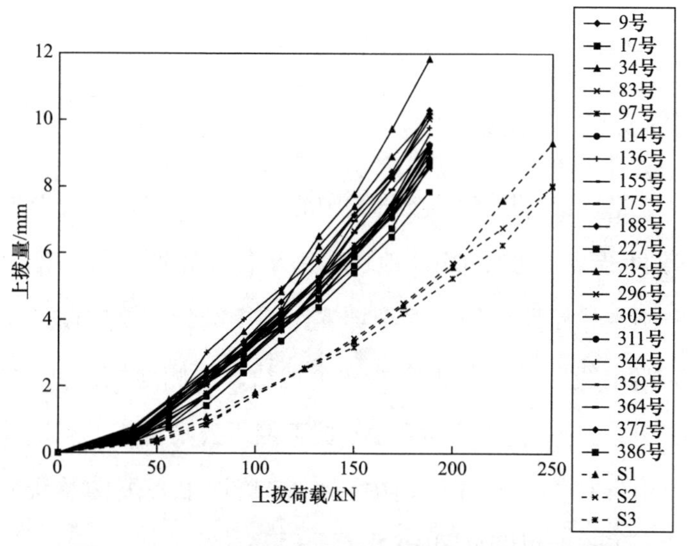

图 10.2-2 抗浮锚杆试验及工程锚杆检测荷载变形图

为方便对比，将基本试验（一组 3 根）所得结果与工程锚杆的检测结果绘制于同一张图中，基本试验结果如图 10.2-2 中 S1～S3 曲线。可见，由于大批量施工等原因，同荷载条件下，工程锚杆上拔量要明显大于基本试验上拔量，这也是工程设计中需予以关注的。

10.3 北京银行顺义科技研发中心项目

【提要】本工程采用全长粘结型锚杆作为纯地下室的抗浮措施，基本试验采用多循环加卸载法，并根据试验结果进一步确定锚杆设计参数。

10.3.1 工程概况

北京银行顺义科技研发中心项目位于北京顺义新城第 11 街区 0807、0809 地块，东至仁安路西红线，南至向阳一号路路中线，西至坤安路路中线，北至向阳二号路路中线。场地分为东西两个地块，西侧地块由 A1 数据中心，A2 科技大厦和 A6 员工倒班公寓构成，东侧地块由 A3 主楼、A4 培训中心、A5 培训中心配楼及研究院，工程效果图见图 10.3-1。

本工程 ±0.00 标高为 34.50m，抗浮设防水位为 30.0m，A3 主楼局部采用变刚度调平 CFG 桩复合地基，其余主楼采用天然地基，纯地下室采用全长粘结型锚杆作为抗浮措施，表 10.3-1 为主要建筑结构特征及荷载特点，图 10.3-2、图 10.3-3 为三维结构模型。

基底以下地层及岩土参数详见表 10.3-2。

图 10.3-1　工程效果图

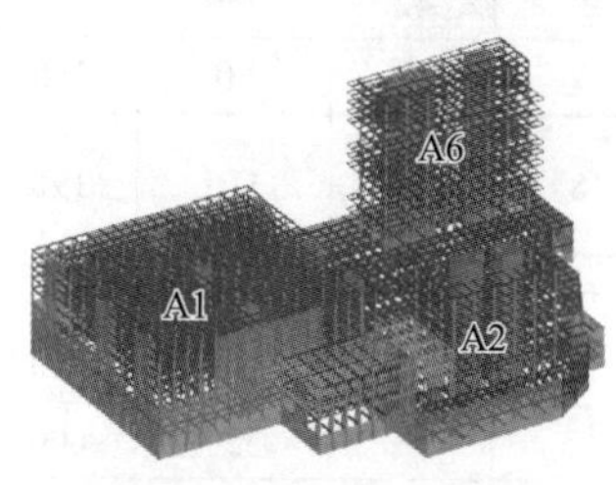

图 10.3-2　西区三维立体模型图

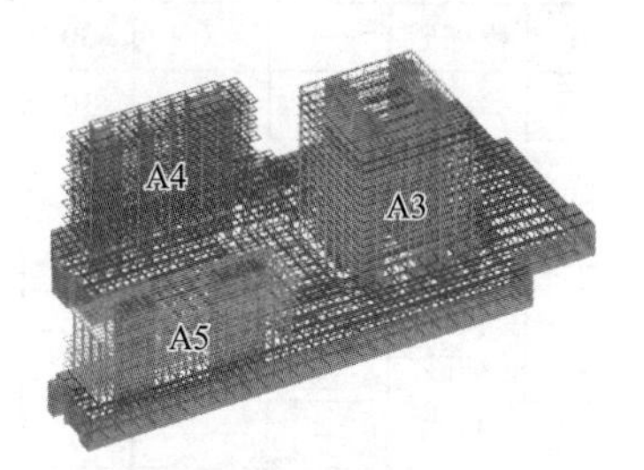

图 10.3-3　东区三维立体模型图

主要建筑结构特征及荷载特点　　表 10.3-1

<table>
<tr><td>楼座信息</td><td>A1</td><td>A2</td><td>A4</td><td>A5</td><td>A6</td><td colspan="2">A3</td></tr>
<tr><td>地上层数</td><td>6</td><td>12</td><td>12</td><td>6</td><td>12</td><td colspan="2">14</td></tr>
<tr><td>地下层数</td><td>1</td><td>3</td><td>3</td><td>3</td><td>3</td><td colspan="2">3</td></tr>
<tr><td>建筑高度/m</td><td>49.3</td><td>48.0</td><td>60.0</td><td>40.0</td><td>60</td><td colspan="2">82.8</td></tr>
<tr><td>地基形式</td><td colspan="5">天然地基</td><td>局部CFG 桩复合地基</td><td>天然地基</td></tr>
</table>

续表

基础持力层	④$_1$粉质黏土—重粉质黏土	⑥$_2$砂质粉土—黏质粉土（局部在④$_1$）	⑥层粉细砂	⑥层粉细砂	⑥$_2$砂质粉土—黏质粉土	⑦层卵石	⑤层粉细砂

各岩土层工程力学特性综合表　　表 10.3-2

土层编号	岩性	天然密度 ρ/(g/cm^3)	黏聚力 c/kPa	内摩擦角 φ/°	压缩模量 E_s/MPa	标准贯入试验锤击数 N	抗浮锚杆粘结强度标准值 f_{rbi}/kPa	地基承载力标准值 f_{ka}/kPa
⑥	粉细砂	—	0	30	28	42	250	250
⑥$_1$	黏土	1.95	12	10	7	—	50	180
⑥$_2$	砂质黏土	2.06	—	—	8	24	110	190
⑦	卵石	—	—	—	60	—	320	500
⑧	细砂	—	—	—	30	37	260	300
⑨	卵石	—	—	—	65	—	350	600
⑩	重粉质黏土—黏土	1.93	—	—	9	—	—	190
⑪	细砂	—	—	—	35	107	—	350

10.3.2 抗浮锚杆设计

本项目抗浮荷载为 23～41.5kN/m^2，抗浮锚杆（全长粘结型锚杆）直径 D=150mm，锚杆长度分别取 8.0m、10.0m、12.0m、15.0m，计算得到不同长度抗拔承载力特征值如表 10.3-3 所示。典型地质剖面及抗浮锚杆示意见图 10.3-4。

不同长度抗浮锚杆单锚抗拔承载力特征值计算值汇总表

表 10.3-3

序号	锚杆长度 /m	抗拔承载力特征值计算值 /kN
1	8.0	379.4
2	10.0	482.1
3	12.0	584.9
4	15.0	739

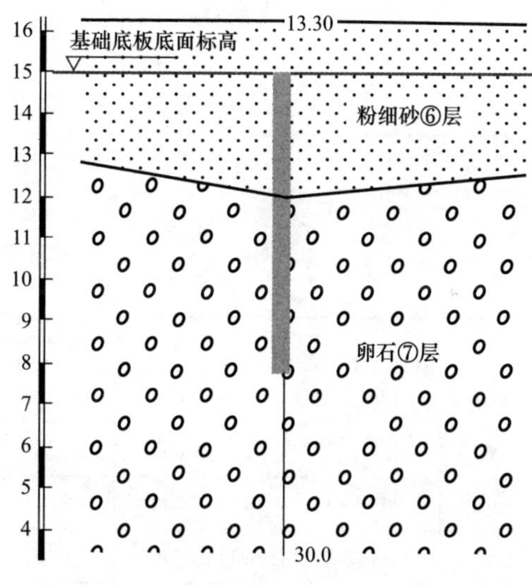

图 10.3-4 典型地质剖面及抗浮锚杆示意

10.3.3 锚杆基本试验

采用多循环加卸载法进行基本试验。并根据试验结果进一步确定锚杆设计参数。

根据中冶建筑研究总院有限公司提供的基本试验

报告，结合抗拔力-锚头位移曲线及锚头弹塑性变形曲线，本工程ETA1～3（长度8.0m）极限抗拔承载力取值480kN（ETA为本工程锚杆编号），ETA4～6（长度10.0m）极限抗拔承载力取值580kN，ETA7～9（长度12.0m）极限抗拔承载力取值720kN，ETA10～12（长度15.0m）极限抗拔承载力取值810kN，所得试验结果如表10.3-4、表10.3-5所示，代表性曲线如图10.3-5所示。

基本试验结果汇总　　　　表10.3-4

设计参数				试验结果		
锚杆编号	锚杆长度/m	锚杆直径/mm	主筋配置	试验最大加载/kN	最大加载锚头变形/mm	卸载后的残余变形/mm
ETA-1	8.0	150	3Φ28	600	56.43	34.47
ETA-2	8.0	150	3Φ28	600	61.73	33.63
ETA-3	8.0	150	3Φ28	600	63.38	34.69
ETA-4	10.0	150	3Φ28	700	64.53	32.31
ETA-5	10.0	150	3Φ28	700	58.16	31.68
ETA-6	10.0	150	3Φ28	700	62.18	37.92
ETA-7	12.0	150	3Φ28	800	52.87	28.81
ETA-8	12.0	150	3Φ28	800	48.61	26.92
ETA-9	12.0	150	3Φ28	800	46.66	25.44
ETA-10	15.0	150	3Φ28	900	杆体材料屈服	
ETA-11	15.0	150	3Φ28	1000	杆体材料屈服	
ETA-12	15.0	150	3Φ28	1000	杆体材料屈服	

基本试验侧阻力计算结果　　表 10.3-5

锚杆编号	锚杆长度 / m	锚杆直径 / mm	单锚极限抗拔承载力取值 /kN	平均极限侧摩阻力标准值 /kPa
ETA-1～3	8.0	150	480	127
ETA-4～6	10.0	150	580	123
ETA-7～9	12.0	150	720	127
ETA-10～12	15.0	150	810	114

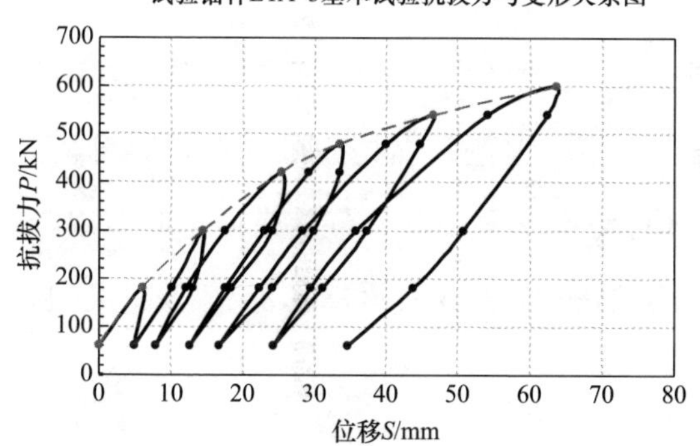

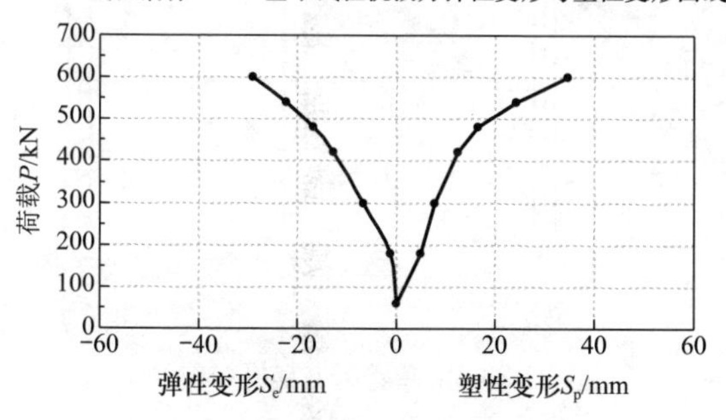

图 10.3-5　锚杆基本试验曲线

根据计算结果，当锚杆长度在 8～12m 时，平均极限侧摩阻力标准值在 125kPa 左右；当锚杆长度进一步增加为 15m 时，平均极限摩阻力标准值降低至 114kPa。这表明为达到抗浮锚杆最优长效比，锚杆长度不宜超过 12m。

综合考虑工程需要、规范相关规定及基本试验成果，抗浮锚杆长度取 11.0m，R_t = 300kN。

10.3.4 锚杆平面设计

根据抗浮荷载计算结果图、单根锚杆竖向抗拔承载力特征值 R_t 和承担范围面积，可计算得锚杆需要数量，再根据轴网尺寸按梁、板下布置锚杆，典型单跨区域抗浮锚杆布置如图 10.3-6 所示。

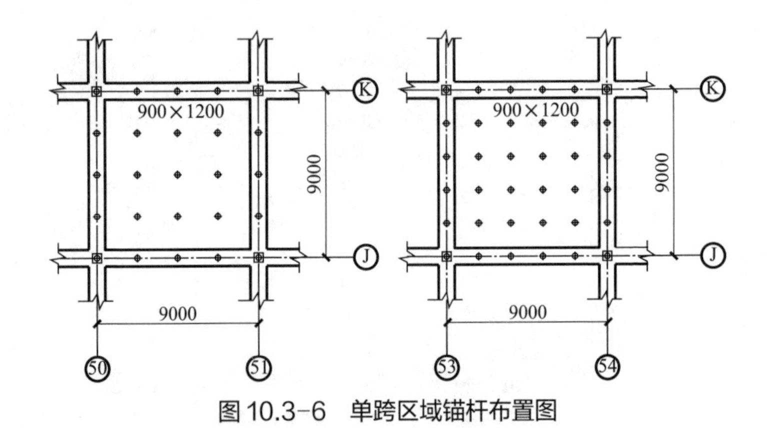

图 10.3-6 单跨区域锚杆布置图

考虑周边柱抗浮荷载、施工后浇带等影响，局部进行相应调整后得到抗浮锚杆布置如图 10.3-7 所示。

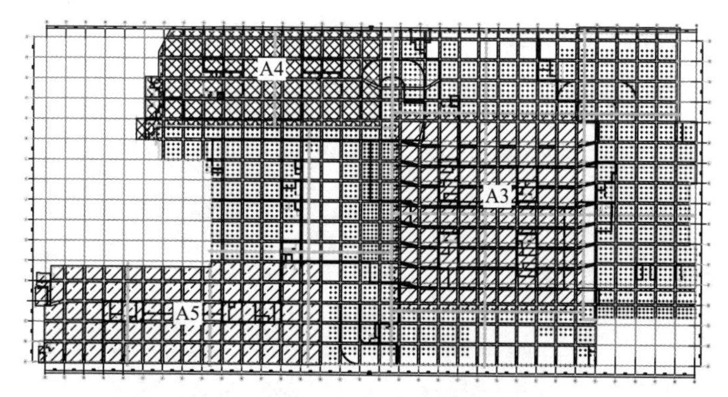

图 10.3-7　抗浮锚杆平面布置图

10.3.5　锚杆工程验收

根据地块内 50 根受检锚杆检测数据及验收成果报告，在最大加载量为 600kN 时，对应锚头变形为 14.66～25.08mm，卸载后残余变形为 9.36～16.76mm。50 根受检锚杆在最大加载时均未出现破坏特征，锚杆抗拔承载力满足设计要求。

10.4　北京清河污水处理厂曝气池[①]

10.4.1　工程概况

本项目位于北京海淀区清河镇南马房村，平面尺寸

① 本案例摘录于《北京清河污水处理厂曝气池抗浮锚杆岩土工程实录》（作者：赵林江，吴民利，王坚），刊载于《第六届全国岩土工程实录交流会岩土工程实录集》（2004 年，150～155 页）。

为 123m×159.85m，采用现浇钢筋混凝土结构，底板为周圈 600mm 厚、中心 400mm 厚的筏基。场地地下水位较高，因结构荷载较小，在曝气池水排空时自重不足以抵抗地下水浮力，设计采用抗浮锚杆来解决曝气池的抗浮问题。曝气池剖面示意图见图 10.4-1。

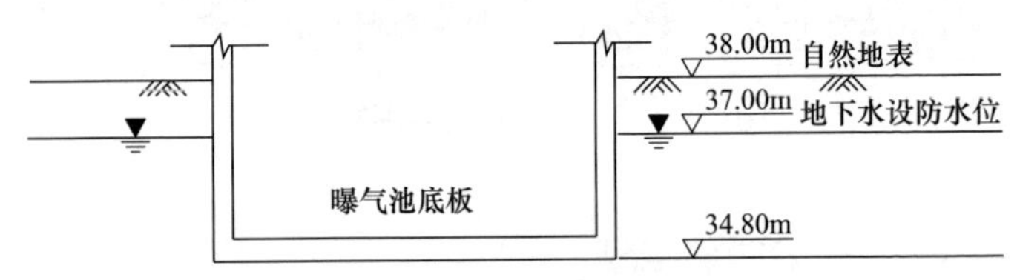

图 10.4-1　曝气池剖面示意图

抗浮锚杆设计与施工所涉及的地层包括：

（1）细、粉砂③层，局部分布有薄层中、粗砂$③_1$层和砂质粉土$③_2$层，该大层总厚度为 1.20～3.10m；

（2）卵石、圆砾④层，该层厚度为 0.80～2.70m；以上 2 大层总厚度为 3m 左右，即该 2 大层在锚杆自由段范围内；

（3）黏质粉土、砂质粉土⑤层，黏土、重粉质黏土$⑤_1$层，粉质黏土、黏质粉土$⑤_2$层，细、粉砂$⑤_3$层，该大层总厚度为 8.00～10.50m；

（4）卵石、圆砾⑥层，细、中砂$⑥_1$层，粗、中砂$⑥_2$层，该大层总厚度为 4.90～7.40m；

（5）黏质粉土、砂质粉土⑦层，重粉质黏土、黏土

⑦$_1$层，粉质黏土、黏质粉土⑦$_2$层，该大层总厚度为5.10～6.90m。抗浮锚杆进入该大层约4m。

10.4.2 锚杆基本试验

为确定场区锚杆的实际抗拔力，为设计施工提供依据，在正式施工前做了6根试验锚杆，试验锚杆参数如下：主筋为2根7ϕ5钢绞线；锚杆成孔直径ϕ127；锚杆长度22m，其中非锚固段6m；填孔材料为0.5～2cm的豆石，采用水灰比为0.5的素水泥浆注满豆石空隙；锚杆抗拔力设计值N_t=245kN。

采用循环加载试验方法，共6个循环，最大加载400kN，其中2根加载超过400kN，在最大加载时钢绞线拉断。总体试验情况汇总见表10.4及图10.4-2。

试验锚杆锚头位移　　表10.4

锚杆编号	1	2	3	4	5	6
最大荷载 /kN	400	445	400	400	460	400
250kN 变形 /mm	75.82	93.318	37.07	34.49	25.605	75.918
400kN 变形 /mm	143.02	163.07	67.69	74.51	57.266	145.19

10.4.3 抗浮锚杆设计

根据试验锚杆结果，实际设计参数及技术要求为：（1）成孔直径：ϕ127；（2）锚杆长度：22.6m，其中锚杆自由段 6m，锚固段 16m；（3）锚杆主筋：1 根 ⌀40 钢筋；（4）锚杆数量：2216 根，布孔间距 2.6m×3.3m；（5）单根锚杆的抗拔力设计值 N_t=245kN，预张拉力值取 1.2N_t=294kkN。

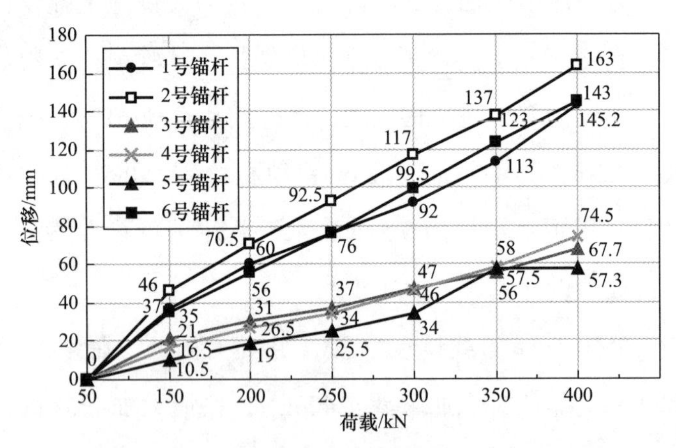

图 10.4-2　试验抗浮锚杆荷载-位移示意图

10.4.4　锚杆锁定与张拉

锚杆全部施工完成后，进行预张拉、锁定，其技术要求为：（1）锚杆张拉前，应对张拉设备进行标定；（2）锚固体与台座混凝土强度均大于 15.0MPa 时，方可进行张拉；（3）锚杆的设计拉力为 245kN，先预张拉至锚杆设计拉力的 1.2 倍（即 294kN），保持 10min，检验锚杆抗拔力满足 294kN 后，卸荷至设计拉力的 1.0 倍（即 245kN）时旋紧螺母，锁定锚具。

10.4.5 锚杆工程验收

锚杆全部施工结束后，共随机抽取 110 根做验收试验，占锚杆总数量的 5%。验收标准为：（1）拉拔力不小于 1.5 倍的锚杆设计值，即 367.5kN；（2）在最大试验荷载（367.5kN）作用下，锚头位移趋于稳定；（3）试验所行的总弹性位移应超过锚杆自由段理论弹性伸长值的 80%，且小于锚杆自由段与 1/2 锚固段长度之和的弹性位移理论伸长值，即抗拔力为 367.5kN 时，总弹性位移 S 满足 5mm＜S＜16.85mm。

抽检 110 根抗浮锚杆的锚头位移大部分在 7～13.0mm 之间，其分布范围见图 10.4-3。之后进行的抗浮锚杆张拉与锁定工作表明，所有 2216 根抗浮锚杆张拉结果均满足设计要求。

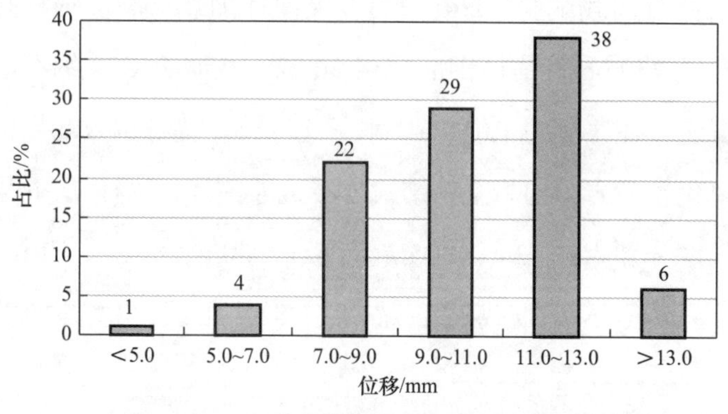

图 10.4-3　验收锚杆锚头位移范围直方图

10.5 南京软岩地基抗浮锚杆试验[①]

10.5.1 试验概况

试验场地位于南京浦口区，属阶地地貌，上部以黏性土为主，下部基岩为泥质粉砂岩—粉砂岩。岩石抗浮锚杆锚固体主要位于⑤层中风化粉砂岩，灰黄色、灰白色，局部棕红色，紫灰色，砂质结构，块状构造，属软岩，岩体较完整，岩体基本质量等级为Ⅳ级，勘察最大揭露深度 13.8m。⑤层中风化粉砂岩饱和单轴抗压强度 $f_{rk}=6.36$MPa。

10.5.2 基本试验设计

设置 6 根岩石抗浮锚杆进行拉拔试验，其中 4 根采用分级加载试验，2 根采用多级循环加载试验。锚杆孔孔径 250mm，锚杆钢筋规格 3Φ22，注浆为 C30 细石混凝土，注浆压力 1.0MPa，水灰比 0.55。锚杆进入⑤层中风化粉砂岩，均为全粘结式岩石抗浮锚杆，锚杆 1～6 号长度分别为：4.2m、11.5m、9.6m、4.0m、8.2m、4.1m。

4 根分级加载试验锚杆分 8 级加载，每级加载

① 本案例摘录自《软岩地基中全粘结式抗浮锚杆试验分析》（作者：王小卫），刊载于《土工基础》2018 年第 6 期。

50kN，测读间隔时间 21min，试验终止条件满足规范【国标地规】要求；2 根多级循环加载锚杆荷载分级见表 10.5，每级荷载下测读时间为 5min，试验终止条件满足规范【锚杆标协规】要求。

循环加载荷载分级　　　　表 10.5

循环次数	荷载 /kN								
第一次	50				150				50
第二次	50	150			250			150	50
第三次	50	150	250		350		250	150	50
第四次	50	150	250	350	400	350	250	150	50

10.5.3 基本试验成果

6 根锚杆试验成果曲线如图 10.5-1～图 10.5-3 所示。

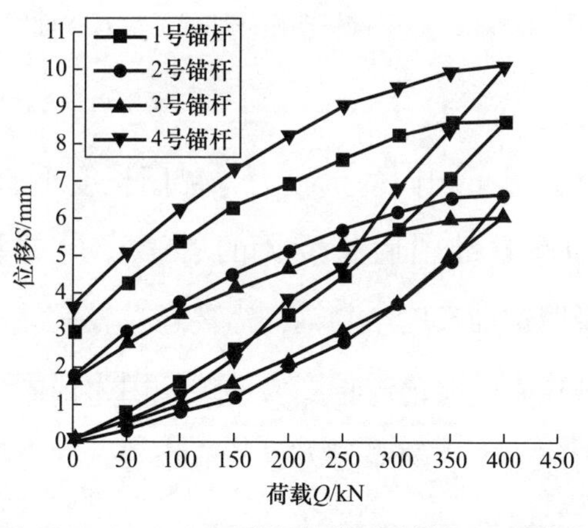

图 10.5-1　1～4 号分级加载试验锚杆 Q-S 曲线

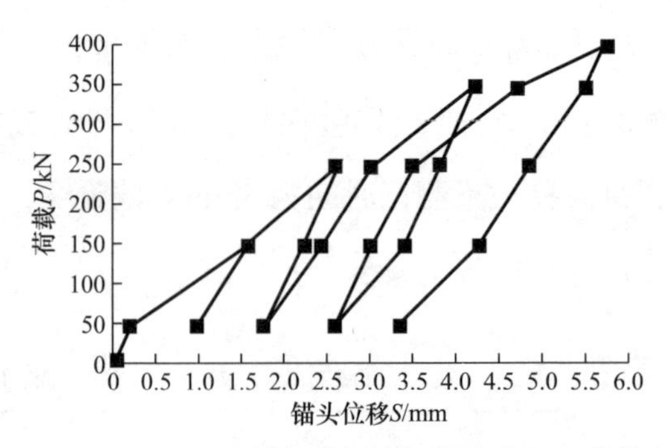

图 10.5-2　5 号锚杆多循环加载试验 $P-S$ 曲线

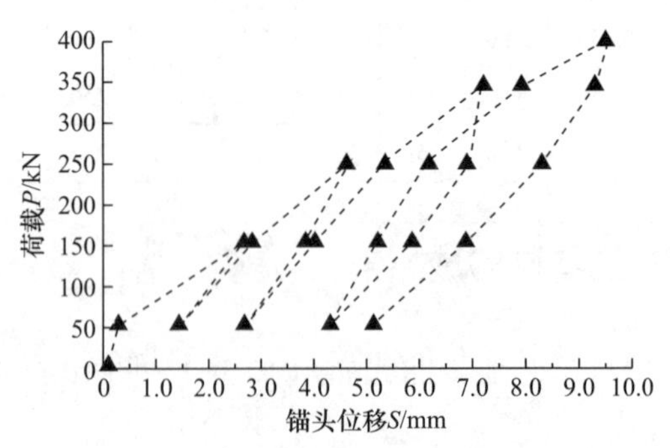

图 10.5-3　6 号锚杆多循环加载试验 $P-S$ 曲线

根据图 10.5-1，1 号、4 号长度较 2 号、3 号短 5.4～7.5m，但获得了相同的抗拔力，锚固长度小的 1 号、4 号锚杆位移量较锚固长度大的 2 号、3 号锚杆大 2～4mm，说明锚固长度小的锚杆需要通过较大的位移量来获取大抗拔力，而锚固长度大的锚杆因为锚固体与岩体的界面增加，产生的摩阻力也相应增加，在位移小的情况下就可获得较大的抗拔力。

从图 10.5-1～图 10.5-3 可知，2 根锚杆的形态基本相似，曲线的前半段变形近似直线，且斜率较缓，没有出现回滞环，表明处在弹性阶段，变形量为0.614～1.259mm。随着荷载增加，曲线后半段斜率逐渐变大，出现回滞环，呈弹塑性特征，变形为弹塑性变形之和，变形量为5.096～8.273mm，较弹性变形大。在荷载为400kN的情况下，锚固长度小的6号锚杆变形量大于锚固长度大的5号锚杆，但锚杆未发生破坏，变形量在设计允许范围之内，说明通过减少锚固长度而允许一定变形量，进而获取较大的抗拔力是合理且比较经济的。软岩地基中全粘结式抗浮锚杆在允许变形量小于10mm时，锚固长度可取到4m。小于这个长度，要获取同等抗拔力，变形量也随之增加，这对结构稳定不利；大于这个长度，尽管可以获取更高抗拔承载力，但由于锚杆长度增加，也会造成浪费。

10.6 北京顺义区某项目扩体锚杆试验[①]

北京某项目拟建场区位于北京市顺义区后沙峪镇，火寺路与顺平路交叉口西南侧。此工程总平面布置包括三座生产厂房及纯地下室部分。工程基底位于同一整体

① 本案例摘录于《承压型囊式扩体锚杆在建筑物抗浮工程中的应用》（作者：党昱敬，程少振），刊载于《施工技术》2020年第19期。

筏板基础上，±0.000标高为35.400m，防水板底标高22.200m，基础埋深13.2m。抗浮设计锚固体采用承压型囊式扩体锚杆作为永久性抗浮构件。承压型囊式扩体锚杆构造如图10.6-1所示。

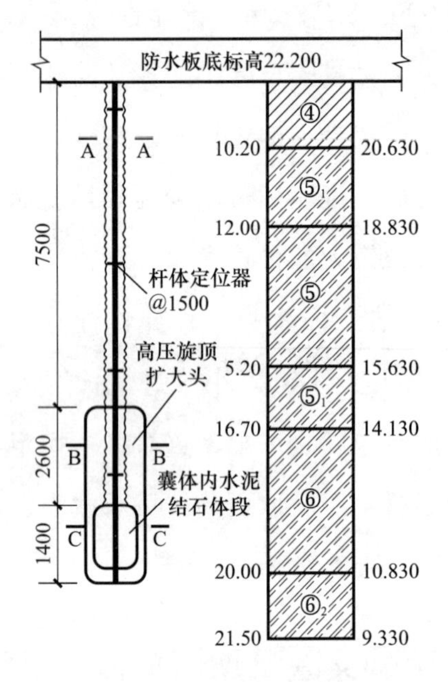

各段长度/m		成孔直径 d/mm	扩体直径 D/mm	抗拔力特征值 F/kN	验收荷载 $1.5F$/kN
A—A	7.5	180	700	480	720
B—B	2.6				
C—C	1.4				

图10.6-1　承压型囊式扩体锚杆构造示意与典型地层剖面图

检验依据相关规程、规范规定要求，对本抗浮工程承压型囊式扩体锚杆进行了基本试验和验收试验的现场检测工作，其中基本试验 3 根，验收试验 36 根。36 根验收试验结果均满足设计要求，3 根承压型囊式扩体锚杆基本试验结果汇总如表 10.6 所示。

承压型囊式扩体锚杆基本试验结果　　表 10.6

设计参数				试验结果		
锚杆编号	锚杆长度扩体 / 非扩体 /m	锚杆直径扩体 / 非扩体 /mm	主筋配置	试验最大加载 /kN	最大加载锚头变形 / mm	卸载后的残余变形 / mm
01	4.0/7.5	700/180	34	960	33.89	21.17
02	4.0/7.5	700/180	34	960	29.48	17.07
03	4.0/7.5	700/180	34	960	28.20	19.04

为了与传统等直径锚杆进行比较，笔者特选取以前与本场地地基土层构成情况和各层土体物理力学参数类似的北京地区某项目的等直径抗浮锚杆（抗浮锚杆直径 200mm，设计长度 11.25m）抗拔承载力试验结果，与表 10.6 中的 01 号承压型囊式扩体抗浮锚杆抗拔承载力试验结果进行对比分析，传统等直径锚杆和承压型囊式扩体锚杆两种不同锚固体的抗拔试验 Q–s 曲线对比如图 10.6–2 所示。

根据图 10.6–2，和传统等直径抗浮锚杆相比，承压型囊式扩体抗浮锚杆可以大幅提高单锚承载力特征值。在相同变形（s=9mm）的情况下，承压型囊式扩体抗浮锚杆单锚承载力特征值（480kN）是传统等直径抗浮锚

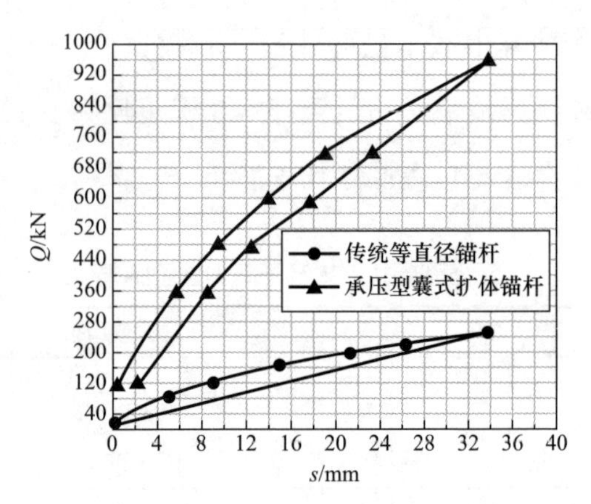

图 10.6-2　扩体锚杆与传统等直径锚杆抗拔试验 Q-s 曲线对比

杆单锚承载力特征值（120kN）的 4 倍（提高幅度通常在 3～5 倍）。在总浮力一定的情况下，承压型囊式扩体抗浮锚杆的布置密度降低 80% 左右，由此可使承压型囊式扩体抗浮锚杆布置形式更为灵活，分布更为均匀，同时也大大减少了防水底板柔性防水节点的穿透点。

10.7　问题案例 1："自己拔自己"，过高估计抗浮锚杆承载力

某项目在基本试验阶段，由于横梁间距不够，反力直接作用于锚杆浆体上，类似于"自己拔自己""踩在肩膀上拔头发"（图 10.7）。

该情况下检测到的拉力实际上为筋体和浆体之间的握裹力，而无法得到浆体与土层之间的岩土阻力。采用

该方式进行检测时，一般得到的锚杆变形值很小，误导检测者和设计者，误以为承载力有足够大的安全度，实际布置抗浮锚杆数量过少，进而引发抗浮事故。

图 10.7　抗浮锚杆试验不当方法图示

类似的情况在实际工程项目中并不鲜见，特在本节单独提出以引起关注（特别是检测者），并提醒设计者，不仅要看检测结论，更要加强检测数据分析，以利于问题的及时发现和解决。

10.8　问题案例 2：抗浮锚杆布置不当导致地基沉降差异过大[①]

某项目将抗浮锚杆全部集中在筏形基础底板中部位置，因沉降差异导致底板开裂漏水。图 10.8 为某项目基础底板抗拔桩（锚杆）平面布置图。

① 本案例摘录于《建筑工程施工图设计文件技术审查常见问题解析：结构专业》，北京市施工图审查协会编著。北京：中国建筑工业出版社，2021.11。

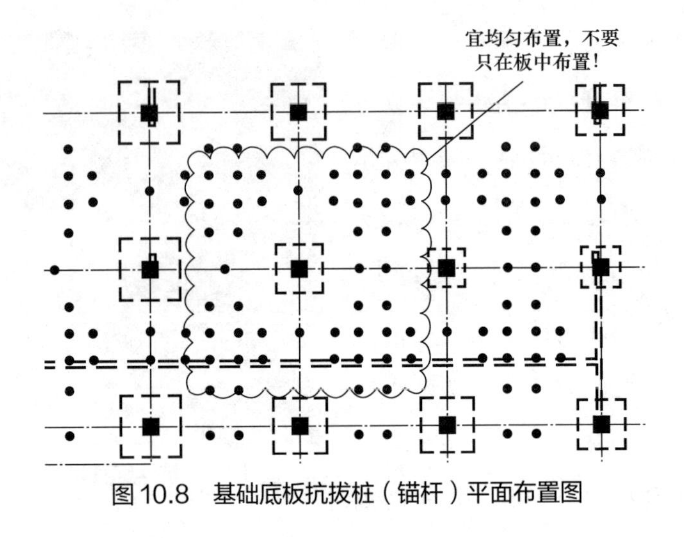

图 10.8　基础底板抗拔桩（锚杆）平面布置图

10.9　问题案例 3：设计未考虑结构局部抗浮受力差异引起上浮 [①]

厦门世贸中心一期工程（基础平面图如图 10.9-1 所示），是由一座 39 层主塔楼（A 区）、一座 24 层主塔楼（D 区）、五层裙房（对应于 B、C 区），以及纯地下结构（E 区）构成的大底盘建筑，地下室 3 层，埋深 14.00m。采用人工挖孔钢筋混凝土桩基。

工程于 2000 年 8 月底完成裙楼主体结构施工，10 月底完成地下室基坑回填土，并停止井点降水。11 月底

① 本案例摘录于《厦门世贸中心地下室上浮原因与抗浮锚杆基础加固措施》（作者：陈科荣），刊载于《工程质量》2002 年第 5 期。

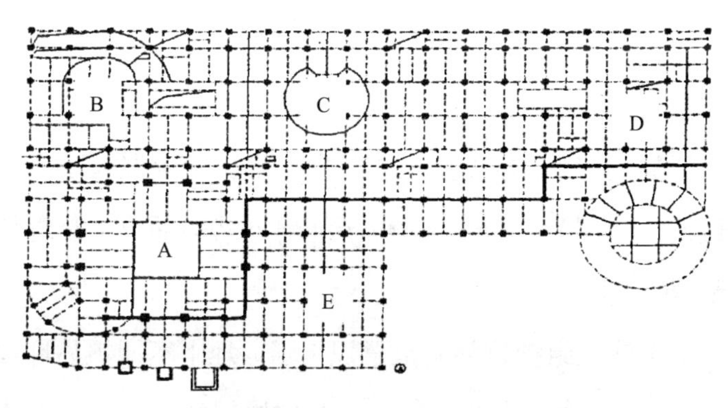

图 10.9-1　厦门世贸中心一期基础平面图

发现 E 区地下室楼板有裂纹出现，次年 2 月份进行沉降观测时，发现纯地下结构 E 区 -0.005m 板上浮，最大点达 149mm，同时在 E、C 区段一些近柱边的框架端出现上宽下窄的贯通性结构裂缝。

经复核，导致本项目上浮的原因主要有以下三个方面。

1）设计抗浮荷载取值小于工程场地实际。此工程设计对地下水位高度估计不足，对基础局部抗浮未考虑及未提出施工控制要求，是此工程地下室在施工阶段上浮的主要原因。事后经实测，地下水最大水头大于 12.00m，并经复核，地下室底板水压达 138.5kN/m^2；而上浮波及的 E 区和 C 区段地下室单桩基础为直径 1000～1200mm，长度 12～20m，布桩间距 9000mm×9000mm 的人工挖孔钢筋混凝土桩基（抗压桩），不可能承受差距极大的抗拔力。

2）设计未考虑地下室结构局部抗浮受力差异。上部建筑高低悬殊，地下室上浮差值最大达 138mm，地下室局部结构强度不足以抵抗该差异变形，导致混凝土梁板开裂。上浮最大区段正是位于纯地下结构部位，裂缝情况也最严重。

3）施工组织抗浮防范意识不强。地下室回填后即停止了降水，地下水位恢复又因其他原因暂停施工，并未作沉降观测，发现结构出现裂缝时未察觉是地下室上浮所致，故未能在第一时间采取有效措施。

此项目对地下室底板采用岩石锚杆作为主要抗浮基础结构加固技术措施。采用预应力锚杆直径 130mm，锚入中微风化花岗岩层 4m，施工长度 10～15m；锚杆采用 5 束钢绞线，二次压力灌注水泥浆。锚杆沿地下室底板肋梁两侧布置，间距大于 1300mm，如图 10.9-2 所示。

此工程针对地下室底板加叠合密实细石混凝土层，厚 50mm，强度 C25，配 φ 8@150 钢筋等构造措施，以保证锚杆的封堵防渗质量和底板压重。通过布置抗浮锚杆，联合合理布置井点抽水（包括建筑物地下室底板钻孔溢水），圆满解决了抗浮加固补强技术问题。经检测，本工程单根抗浮锚杆抗拔极限承载力平均值为 768kN。

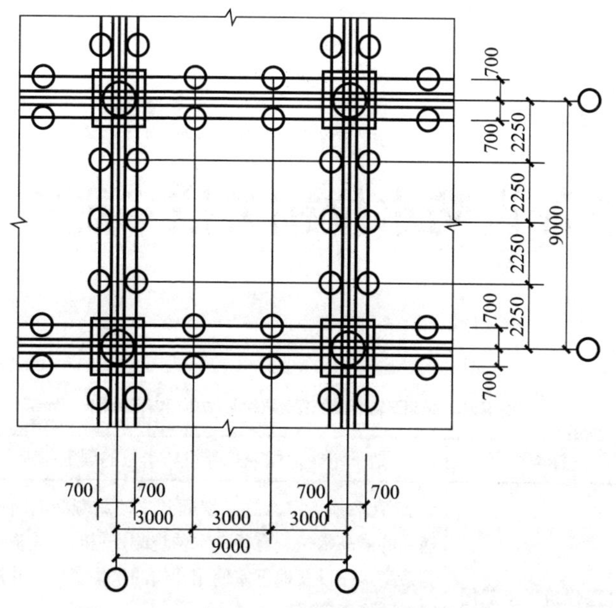

图 10.9-2　地下室底板锚杆平面布置示意图

附录

抗浮设防水位相关技术规定[1]

地下结构使用期间抗浮设防水位的取值原则　附表 1

标准	地下结构使用期抗浮设防水位的确定原则
《高层建筑岩土工程勘察标准》JGJ/T 72—2017	1. 宜取地下室自施工期间到全使用寿命期间可能遇到的最高水位。有长期水位观测资料时，应根据实测最高水位以及地下室使用期间的水位变化，并按地区经验修正后确定。 2. 场地具多种类型的地下水时，各层地下水虽具有各自的独立水位，但若相对隔水层已属饱和状态、各类地下水有水力联系时，宜按各层水的混合最高水位确定
《建筑工程抗浮技术标准》JGJ 476—2019	应取下列地下水水位的最高值： 1. 地区抗浮设防水位区划图中场地区域的水位区划值； 2. 水位预测咨询报告提供的使用期最高水位； 3. 与设计使用年限相同时限的场地历史最高水位； 4. 与使用期相同时限的场地地下水长期观测的最高水位； 5. 多层地下水的独立水位、有水力联系含水层的最高混合水位；

① 内容摘自岩土网【评论员文章】“不同类型地下水及不同条件下的抗浮设防水位的确定”（彭柏兴，2023 年 3 月 1 日）。

续表

标准	地下结构使用期抗浮设防水位的确定原则
《建筑工程抗浮技术标准》 JGJ 476—2019	6. 对场地地下水水位有影响的地表水系与设计使用年限相同时限的设计承载水位； 7. 根据地方经验确定的最高水位
《岩溶地区建筑地基基础技术标准》 GB/T 51238—2018	1. 当地有长期地下水观测资料时，宜采用长期观测期间的地下水最高水位，结合场地水文地质条件综合确定； 2. 当地无长期地下水观测资料时，应根据当地抗浮设防水位经验、场地水文地质条件，结合勘察期间的地下水水位与预测远期地下水位最大变幅综合确定
《北京地区建筑地基基础勘察设计规范》 DBJ 11—501—92	1. 对防水要求严格的地下室或地下构筑物，其设防水位可按历年最高水位； 2. 对防水要求不严者，可参照 3～5 年最高水位及勘察时的实测静止水位； 3. 基底埋置于含水层中的建筑物，结构抗浮水位应按该层地下水未来（结构使用年限内）可能最不利条件的最高水位取值
《地基基础设计标准》 （上海市） DGJ 08—11—2018	设计基准期内抗浮设防水位应根据长期水文观测资料所提供的建设场地地下水历史最高水位计算
《天津市岩土工程勘察规范》 DB/T 29—247—2017	中心城区的建设项目，应收集地下水长期观测资料，以历史最高水位作为场地的抗浮设防水位。 当场地有承压水且与潜水发生水力联系时，应实测承压水水位并考虑其对抗浮设防水位的影响，可取潜水和承压水两者高水位作为抗浮设防水位
《工程地质勘察规范》 （重庆市） DBJ50/T—043—2016	对有长期水位观测资料的，按实测最高水位和建筑物运营期间地下水的变化确定； 当长期观测资料缺乏时，按勘察期间实测稳定水位结合场地地形地貌、地下水补给、排泄条件等综合确定

续表

标准	地下结构使用期抗浮设防水位的确定原则
《地基基础勘察设计规范》（深圳市）SJG 01—2010	有长期系统的地下水观测资料时，应取峰值水位； 无法确定地下水的峰值水位时，可取建筑物地下室室外地坪标高以下 1.0～2.0m
《建筑地基基础技术规范》（福建省）DBJ 13—07—2006	应根据当地长期观测资料、历史最高水位记载及地下水和地表水的情况结合确定； 无经验时，滨海和滨江地区可取场地整平标高埋深 0.5m 考虑
《工程建设岩土工程勘察规范》（浙江省）DB33/T 1065—2009	地下水类型为潜水时，并有地下水位长期观测资料时，可采用实测最高水位，如资料缺失，可按勘察期间实测最高稳定水位并结合场地地形地貌特征，地下水补给及排泄条件等综合因素确定
《建筑岩土工程勘察设计规范》（山东省）DB37/5052—2015	1. 当场地水文地质条件简单或当地资料丰富可靠，能满足抗浮设防要求时，可根据勘察期实测的稳定水位结合经验确定； 2. 当地下水赋存条件复杂、变化幅度大、区域性补给和排泄条件可能有较大改变或工程需要时，应进行专门论证
《岩土工程勘察规范》（江苏省）DGJ32/TJ 208—2016	稳定性计算与地下结构抗浮分析宜采用历史最高水位等。 对地下水埋藏浅的滨海、滨江、滨湖等较平坦场地，对于地下水位埋深大于 0.5m，场地抗浮设防水位可取地面整平标高或室外地坪设计标高下 0.5m 考虑； 对于地下水位埋深小于 0.5m，场地按历史最高水位考虑
《建筑地基基础设计规范》（广东省）DBJ 15—31—2016	抗浮设防水位应取建筑物设计使用期限内（包括施工期）可能产生的最高水位。若勘察报告未提供地下水的最高水位，则可取建筑物的室外地坪标高或首层车道入口处标高，室外地坪为斜坡地时宜分段取最高水位

续表

标准	地下结构使用期抗浮设防水位的确定原则
《建筑地基基础技术规范》(湖北省)DB42/ 242—2014	1. 应全面考虑上层滞水、承压水、潜水、裂隙水、岩溶水等不同类型地下水的水位、水位变化及水力联系的影响，按最不利条件确定； 2. 有长期水文观测资料或历史水位记录时，可取历史最高水位； 3. 无长期水文观测资料或历史水位记录，且上述类型地下水与上层滞水无水力联系时，应结合建筑物的重要性、环境条件及区域水文地质条件、勘察期间测得的水位等综合研究确定
《贵州省建筑岩土工程技术规范》DB52/T 046—2018	1. 有长期观测孔水位资料，应以最高历史水位作为抗浮设防水位； 2. 无初勘长期观测孔水位资料，应根据勘察期间最高稳定水位，结合场地地形地貌、岩溶发育情况、地下水补径排条件、人类工程活动综合确定。 参照附录 E： (1) 平水期量测的地下水位宜抬高 1.0～2.0m，丰水期量测的地下水宜抬高 0.5～1.0m； (2) 场地处于地形低凹(洼地、谷地)、岩溶强发育、导水断层附近、地下水径流汇集(排泄)地段，平、丰水期宜抬高的水位可参照地下水变幅范围取值
《成都地区建筑地基基础设计规范》DB51/T 5026—2001	对防水要求严格的地下室、地下构筑物进行抗浮验算时，其设防水位，可按历年地下水位最高水位设计； 对防水要求不严格的地下室或地下构筑物和临时性挡土墙，其设防水位可参照近 3～5 年最高地下水位； 基础置于卵石土或需计算地下水的上浮力时，应按历年最高水位

潜水的抗浮设防水位确定　　附表 2

标准	潜水抗浮设防水位的确定
《岩土工程勘察规范》（上海市）DGJ 08—37—2012	上海地区潜水一般赋存于浅部地层中的填土、黏性土、粉性土和砂土，潜水位确定可把握以下两个原则： 1. 填土区的潜水位较之自然地面的水位稍高，宜为在填土坡脚处径流不溢出自然地面为准； 2. 填土场地邻近河、塘时，以历史最高水位（潮水位、洪水位）为准，并应认真分析水位变化趋势，合理确定。当场地小范围局部填土（多为城市景观覆土），因临近地块及周边道路的地面高程未改变，其潜水位可仍按临近地块或道路地面高程评价潜水位
《天津市岩土工程勘察规范》DB/T 29—247—2017	1. 有长期地下水位观测资料时，场地抗浮设防水位可采用实测最高水位； 2. 缺乏地下水位长期观测资料时，可按勘察期间实测最高稳定水位并结合场地地形地貌特征、地下水补给、排泄条件及地下水位年变化幅度等因素综合确定； 3. 对地下水位埋藏较浅的滨海地区和市内地势低洼地区，抗浮设防水位可取室外地坪标高
《建筑工程抗浮设计规程》（广东省）DBJ/T 15—125—2017	当无工程设计使用年限内最高水位时，潜水水位可取室外地坪，当室外地坪有坡度时，可分段确定抗浮设防水位
《工程建设岩土工程勘察规范》（浙江省）DB33/T 1065—2009	1. 有地下水位长期观测资料时，场地抗浮设防水位，可采用实测最高水位； 2. 如缺乏地下水位长期观测资料时，可按勘察期间实测最高稳定水位并结合场地地形地貌特征，地下水补给及排泄条件等综合因素确定； 3. 对地下水埋藏较浅的滨海地区和滨江地区，抗浮设防水应综合考虑各种情况，并根据当地经验，确定一个综合最高值水位
《建筑地基基础技术规范》（辽宁省）DB21/T 907—2015	一般潜水可取历史最高水位

承压水抗浮设防水位确定　　附表 3

标准	承压水抗浮设防水位的确定
《岩溶地区建筑地基基础技术标准》GB/T 51238—2018	当地下结构的基底位于含水层之间的弱透水层时，宜通过竖向一维渗流分析及现场孔隙水压力测试等确定基底相应位置最大孔隙水压力，并根据最大孔隙水压力计算抗浮水位。确定最大孔隙水压力时宜以弱透水层上下稳定含水层不利条件下最高水位为边界条件
《软土地区岩土工程勘察规程》JGJ 83—2011	场地有承压水且与潜水有水力联系时，应实测承压水水位并考虑其对抗浮设防水位的影响
《岩土工程勘察规范》（上海市）DGJ 08—37—2012	主要为微承压含水层和第一承压含水层（第⑦层）、第二承压含水层（第⑨层）。 微承压含水层埋藏较浅，尚缺乏历年水位变幅数据。承压水水头压力和水量对工程的影响应引起足够的重视。 承压水头具有周期性变化，勘察时的水位与施工期的水位并不一致，应根据现场观测到的承压含水层的水头压力，并参考上海地区长期水位观测资料综合分析
《天津市岩土工程勘察规范》DB/T 29—247—2017	当场地有承压水且基础底板置于承压水中时，应实测承压水水位并考虑其对抗浮设防水位的影响
《工程地质勘察规范》（重庆市）DBJ50/T 043—2016	场地有承压水且与潜水有水力联系时，应考虑承压水位，提高抗浮设防水位
《建筑岩土工程勘察设计规范》（山东省）DB37/ 5052—2015	场地有承压水且与潜水有水力联系时，应实测承压水水位并考虑其对抗浮设防水位的影响。 承压水最高水位高于隔水层顶板标高及底板标高时，不宜考虑隔水层的隔水作用
《建筑地基基础技术规范》（福建省）DBJ 13—07—2006	有承压水作用时，应考虑其对设防水位的影响

续表

标准	承压水抗浮设防水位的确定
《建筑工程抗浮设计规程》(广东省)DBJ/T 15—125—2017	当无工程设计使用年限内最高水位时，有承压水的平地地形，抗浮设防水位取承压水头较大值，当室外地坪有坡度时，可分段确定抗浮设防水位
《岩土工程勘察标准》(湖南省)DBJ 43/T 512—2020	场地内具有多种类型地下水，各类地下水虽然具有各自的独立水位，但若相对隔水层已属饱和状态、各类地下水有水力联系时，宜按各层地下水的混合最高水位确定
《成都地区建筑地基基础设计规范》DB51/T 5026—2001	岩石裂隙水具有承压时，当基础置于隔水层底部或隔水层以下时，应取历年最高水位
《建筑地基基础技术规范》(辽宁省)DB21/T 907—2015	承压水取实测水头

地表水体对抗浮设防水位的影响　　附表 4

标准	地表水影响下的抗浮设防水位的确定
《岩溶地区建筑地基基础技术标准》GB/T 51238—2018	当场地地下水受地表水补给，且对地下水位变化有直接影响时，宜取地表水最高水位时的地下水位
《高层建筑岩土工程勘察标准》JGJ/T 72—2017	1. 临近江、湖、河、海等大型地表水体，且与场地地下水有水力联系时，可按地表水体百年一遇高水位及其波浪壅高，结合地下排水管网等情况，并根据当地经验综合确定； 2. 城市低洼地区，应根据特大暴雨期间可能形成街道被淹的情况确定，对南方地下水位较高、地基土处于饱和状态的地区，抗浮设防水位可取室外地坪标高
《地基基础设计标准》(上海市)DGJ 08—11—2018	当地表径流与地下水有水力联系时尚应考虑地表径流对地下水位的影响

续表

标准	地表水影响下的抗浮设防水位的确定
《天津市岩土工程勘察规范》DB/T 29—247—2017	当地下水与地表水发生水力联系时，应考虑采用地表水的最高水位作为抗浮设防水位
《建筑地基基础技术规范》（福建省）DBJ 13—07—2006	当地表水产生影响时，应考虑洪涝对设防水位的影响
《工程建设岩土工程勘察规范》（浙江省）DB33/T 1065—2009	当地下水与地表水发生水力联系时，应考虑地表水的最高洪水位作为抗浮设防水位
《岩土工程勘察规范》（江苏省）DGJ32/TJ 208—2016	当邻近有河流等水体且通过透水土层沟通拟建场地地下水时，最高水位也受邻近河水位的影响
《贵州省建筑岩土工程技术规范》DB52/T 046—2018	当勘察场地附近存在水库、河流、溪沟、湿地等地表水体，必须查明场地地下水与地表水的水力联系，若存在水力联系，丰水期应以地表水洪水位作为抗浮设防水位；若无水力联系，应执行本节第 1 条或第 2 条
《建筑工程抗浮设计规程》（广东省）DBJ/T 15—125—2017	当场地土层为强透水层时，地下水可与附近的河流、湖泊、涌沟的水相通，地下水位的标高随河湖水面的标高变化而变化，河湖水面的最高水位等于场地的最高水位（基础规范）。 场地地势低洼且有可能发生淹没、浸水时，宜采取可靠的地表防、排水措施，防止地下结构周边地下水位超过抗浮设防水位。抗浮设防水位应根据周边地质情况、积水深度、内涝时间及周边积水下渗等因素确定。 可能淹没的较小台地、分水岭等，当地表防水、排水条件较好时，抗浮设防水位可取丰水期地下最高水位
《地基基础勘察设计规范》（深圳市）SJG 01—2010	当建筑物周边地面和地下有连通性良好的排水设施时，宜以该排水设施底标高为基点，综合考虑地表水对地下水位的影响，确定抗浮设防水位； 当涨落潮对场地地下水位有直接影响时，宜取最高潮水位时的地下水位

续表

标准	地表水影响下的抗浮设防水位的确定
《建筑地基基础技术规范》（湖北省）DB42/ 242—2014	对紧邻江、河、湖泊的地下建筑物，应根据地层分布情况，考虑江、河、湖泊最高水位和水位坡降的影响。当以最高水位作为抗浮设计水位时，可根据抗拔试验结果按底板及抗拔构件容许变形所对应的荷载作为单根抗拔构件的抗拔承载力，容许变形值不宜大于10mm、不应大于20mm，且抗浮稳定安全系数不应小于1.5，抗拔构件应满足抗裂要求

特殊场地抗浮设防水位的确定　　附表5

标准	特殊场地抗浮设防水位的确定
《建筑工程抗浮技术标准》JGJ 476—2019	宜为JGJ 476—2019第5.3.2条、第533条确定水位与下列高程的最大值： 1. 地势低洼、有淹没可能性的场地，为设计室外地坪以上0.50m高程； 2. 地势平坦、岩土透水性等级为弱透水及以上且疏排水不畅的场地，为设计室外地坪高程； 3. 不同竖向设计标高分区地下水可向下一级标高分区自行排泄时，为下一级标高区高程
《岩溶地区建筑地基基础技术标准》GB/T 51238—2018	位于山坡坡地的场地，应根据地形地貌特征与地表冲沟和汇水区分布，绘制沿坡地的地下水位分布线，按基础或地下结构埋置深度，取最不利条件下的最高水位
《北京地区建筑地基基础勘察设计规范》DBJ 11—501—92	基底埋置于含水层之间相对弱透水层中的建筑物，应通过渗流分析、现场孔隙水压力测试获取基底相应位置的最大孔隙水压力，并根据最大孔隙水压力换算出抗浮力
《岩土工程勘察规范》（上海市）DGJ08—37—2012 《地基基础设计标准》（上海市）DGJ 08—11—2018	对近江、河、湖、海且有浅层粉性土或砂土层的场地，尚应注意两者之间的水力联系。（勘察） 当大面积填土高于原有地面时，应按填土完成后的地下水位变化情况考虑。（地基）

续表

标准	特殊场地抗浮设防水位的确定
《建筑岩土工程勘察设计规范》（山东省）DB37/ 5052—2015	地下水位差异较大的建筑场地可分区确定抗浮设防水位
《岩土工程勘察规范》（江苏省）DGT32/TJ 208—2016	场地挖方后，地面低于原地下水历史最高水位，抗浮设防水位自地面起算；场地挖方后，地面高于地下水历史最高水位，考虑基坑开挖后基底及周边回填土具有赋水条件，视地形、地下水与地表水的补给、排泄和地下水渗流条件等综合确定； 场地填方后，地面低于或等于场地地表水或地下水历史最高水位，抗浮设防水位自地面起算；场地填方后，地面高于场地地表水或地下水历史最高水位，潜水位会随地面标高的升高而上升，视填方后的地形、地下水与地表水的补给、排泄和地下水渗流条件等综合确定。 地下水赋存条件复杂、场地及周边地形变化幅度大、区域性补给和排水条件可能有较大改变时，综合分析确定，需要时进行专门论证
《工程建设岩土工程勘察规范》（浙江省）DB33/T 1065—2009	当地下建（构）物位于斜坡地段产生明显水头差的场地，进行抗浮设计使应考虑地下水渗流作用对地下建（构）筑物底板产生非均布荷载的影响；并应考虑地下建（构）筑物施工期间各种不利荷载组合时的临时抗浮措施
《建筑地基基础技术规范》（湖北省）DB42/ 242—2014	对处于斜坡上或其他可能产生明显水头差的场地的地下构筑物，应考虑地下水对地下建筑物产生的非均布浮力，提出相应的抗浮设计水位
《地基基础勘察设计规范》（深圳市）SJG 01—2010	位于斜坡上、斜坡下的场地，宜以分区单栋建筑物地下室外地坪标高最低处为抗浮水位； 对顺山而建的多栋建筑且地下室连通时，宜按地下室的实际埋深分成若干部分，每一部分可按实际埋深水位作为抗浮设防水位

续表

标准	特殊场地抗浮设防水位的确定
《建筑工程抗浮设计规程》(广东省)DBJ/T 15—125—2017	坡地抗浮设防水位应根据上下游水头、分水岭、雨水补给、地质分布情况、地下室分布、基坑止水措施等综合考虑
《岩土工程勘察标准》(湖南省)DBJ 43/T512—2020	当场地尚需大面积回填时，可根据地下水补给来源，结合地下排水管网等情况，并根据当地经验综合确定； 当场地临近高于场地的边坡时，可根据边坡地下水渗流结合场地排水设施的设置综合确定； 当场地设计室外地坪有坡度时，可根据场地内地下水水位分段确定抗浮设防水位
《成都地区建筑地基基础设计规范》DB51/T 5026—2001	当地下室、地下构筑物或挡土墙位于粉土、砂土、碎石土和节理很发育的岩石地基时，按计算水位的100%计算，位于节理不发育的岩石地基或黏性土地基时，应根据建筑经验确定

施工期的抗浮设防水位　　附表6

标准	施工期抗浮设防水位的确定
《软土地区岩土工程勘察规程》JGJ 83—2011	可按近3～5年的最高水位确定
《高层建筑岩土工程勘察标准》JGJ/T 72—2017	施工期抗浮设防水位可按勘察时实测的场地最高水位，并根据季节变化导致地下水位可能升高的因素，以及结构自重和上覆土重尚未施加时，浮力对地下结构的不利影响等因素综合确定
《建筑工程抗浮技术标准》JGJ 476—2019	取为下列地下水水位的最高值： 1. 水位预测咨询报告提供的施工期最高水位； 2. 勘察期间获取的场地稳定地下水水位并考虑季节变化影响的最不利工况水位； 3. 考虑地下水控制方案、邻近工程建设对地下水补给及排泄条件影响的最不利工况水位； 4. 场地近5年内的地下水最高水位； 5. 根据地方经验确定的最高水位

续表

标准	施工期抗浮设防水位的确定
《岩溶地区建筑地基基础技术标准》GB/T 51238—2018	当场地地下水受地表水补给，且对地下水位变化有直接影响时，宜取地表水最高水位时的地下水位
《地基基础设计标准》（上海市）DGJ 08—11—2018	可取年最高水位
《工程地质勘察规范》（重庆市）DBJ50/T—043—2016《工程建设岩土工程	抗浮设防水位可按一个水文年的最高水位确定
《勘察规范》（浙江省）DB33/T 1065—2009	
《建筑岩土工程勘察设计规范》（山东省）DB37/ 5052—2015	
《地基基础勘察设计规范》（深圳市）SJG 01—2010	宜取 1～2 个水文年度的最高水位
《建筑地基基础技术规范》（福建省）DBJ 13—07—2006	可按水文年最高水位进行各种工况的抗浮设计